최소한의
수식으로
이해하는

우주의 수학

최소한의 수식으로 이해하는

우주의 수학

스토 야스시 지음
강성주 감수
전종훈 옮김

게플러와 뉴턴, 아인슈타인 방정식에 담긴
우주를 읽고 푸는 법

플루토

감수자의 글

우주의 심오한 질서와 자연의 법칙을 과연 어떻게 단순하면서도, 아름다운 수학 수식으로 표현할 수 있는가를 탐구하는 것은 과학자들이 가장 치열하게 추구하는 목표입니다. 더불어 우주의 수학적 법칙에 대한 탐구는 우리가 살고 있는 세계를 깊이 이해하는 근본적인 열쇠가 되기도 하죠. 복잡한 자연의 질서 속에 숨어 있는 우아함을 발견하는 것은, 수학과 과학의 교차점에서 우리가 마주하는 가장 아름다운 순간 중 하나가 아닐까 생각합니다.

뉴턴의 만유인력 법칙은 우주에 존재하는 모든 천체가 어떻게 서로에게 영향을 주며, 그토록 복잡하고 정교한 움직임을 갖게 되는지 설명해줍니다. 무척이나 단순해 보이는 만유인력 법칙을 표현한 수식은 우리 태양계 내 행성의 운동을 예측하는 데 사용되어왔습니다. 또 밤하늘에 빛나는 별이 수백, 수천만 년 동안 일정한 궤도를 따라 움직이는 이유를 이해할 수 있도록 해주었죠.

마찬가지로 아인슈타인의 상대성이론은 우리가 살고 있는 공간의 개념을 시간의 개념과 조합하여 시공간이라는 혁신적인 개념을 탄생시켰습니다. 이제 공간과 시간은 더 이상 분리된 개념이 아닌 하나의 개념이 되었죠. 아인슈타인의 유명한 방정식 $E=mc^2$은 질량을 가진 물질은 모두 에너지를 가지고 있으며, 물질과 에너지가 서로 변환될 수 있음을 보여주었습니다. 이 방정식 하나로 아주 작은 원자핵부터 우주의 거대한 별까지 어떻게 에너지를 생성하는지 이해할 수 있게 되었을 뿐만 아니라 다양한 분야에 깊은 영향을 주었습니다.

우주에 담긴 수학적 질서의 발견은 우리가 탐구하고자 하는 근원적인 의문에 대한 단서를 줍니다. 과연 우주는 어떠한 원리로 움직이는지, 그리고 우리는 이 광대한 우주에서 어떠한 존재적 의미를 가지는지를 말입니다. 이에 대한 단서는 세상의 모든 질서와 원리가 수식으로 표현될 수 있다는 것을 보여줍니다.

이렇게 수식으로 우주와 자연의 법칙을 이해하는 일은 우주의 아름다움과 질서를 모두 같은 관점에서 바라볼 수 있게 만듭니다. 물론 아름다운 소설을 읽을 때처럼 작가의 감성과 생각을 따라가며 하나의 세상을 여러 관점에서 바라보는 일도 필요합니다. 그러나《우주의 수학》을 통해 수식으로 우주의 질서를 이해하게 된다면, 우주의 원리가 가진 아름다움에 모두가 공감할 수 있게 될 겁니다. 우리 자신과 이 세계에 대한 이해가 넓어지는 것은 물론이고, 지식과 호기심이 끊임없이 확장되는 것은 덤이겠지요!

《우주의 수학》을 쓴 스토 야스시 교수는 도쿄대학교에서 우주의 구조와 은하의 진화를 연구하는, 전 세계 우주론을 대표하는 학자 가운데 한 명입니다. 저자는 우주에 관한 가장 기본적인 질문부터 현재의 연구 성과에 관한 질문까지, 우주론 연구자로서 깊은 식견을 바탕으로 쉽게 설명합니다. 덕분에 독자들은 우주의 질서가 왜 수식으로 표현되어야 하는지, 수식이 어떤 의미를 가지는지 아주 명쾌하게 이해할 수 있습니다.

이 책을 읽으며 수학으로 우주를 이해하고자 하는 여러분의 노력은, 단지 학문적 호기심에 그치지 않고 우리가 세상을 바라보는 방식 자체를 변화시킬 겁니다. 다시 말해 우주의 원리를 수학적으로 이해함으로써 우리의 존재가 더 큰 목적과 연결되어 있다는 것을 느끼고, 우리의 삶과 우리가 하는 모든 결정이 거대한 우주의 일부분이며 중요하다는 것을 깨닫게 되지요.

궁금하지 않나요? 이제 우주의 원리를 찾으러 함께 떠나봅시다! 최소한의 수식으로 조금이나마 우주의 원리를 이해하는 놀라운 경험을 하게 될 겁니다.

강성주

들어가며

조금 뜬금없지만 우리가 컴퓨터 시뮬레이션으로 만들어진 가상 세계에 갇혔다고 상상해볼까요? 그렇다면 우리가 살고 있는 세계의 모든 사건은 컴퓨터 언어로 쓰인 숨어 있는 법칙에 따라 일어납니다. 우리는 이 규칙들을 잘 관찰하고, 필요하다면 다양한 현상을 실험함으로써 이 세계가 어떤 법칙에 따라 움직이는지 깨닫게 될 겁니다. 어쩌면 그 법칙을 구체적인 수학 방정식으로 정의할 수도 있겠지요.

우리가 살고 있는 현실 세계에서 경험하는 과학의 본질도 이와 다르지 않습니다. 우리는 지구에서 일어나는 다양한 현상을 실험할 뿐만 아니라 우주라는 거대한 무대에서 벌어지는 천체 현상을 관찰하며 우주의 신비를 탐구하고자 노력하죠. 이것이 천문학과 천체물리학의 목표인 우주의 현상을 완전히 이해하기 위한 노력입니다.

하지만 가상 세계와는 다르게 우리가 살고 있는 현실 세계가 숫자와 규칙으로 이루어져 있는지, 또 완벽하게 설명될 수 있는지는 확신할 수 없습니다. 그럼에도 세상의 모든 것이 엄밀한 규칙으로 이루어져 있다고 믿는 연구자가 상당히 많습니다. 저도 그런 사람 중 하나입니다.

이 세계가 수학적 법칙으로 움직인다는 생각이 지나치게 단순하며, 받아들이기 어렵다는 사람들도 있습니다. 그런 분들을 위해 제가 왜 '우주를 지배하는 법칙과 수학이 있다'고 믿는 입장에 서게 되었는지 이 책에서 설명하고자 합니다.

저는 천체물리학을 오랫동안 연구해왔고, 그 과정에서 우주와 자연계의 다양한 현상을 만들어내는 법칙이 존재한다는 확신이 서는 수많은 실제 사례를 경험했습니다. 여러분도 《우주의 수학》에 소개하는 그러한 사례들을 알고 나면 '우주를 지배하는 법칙과 수학이 있다고 믿는 파'에 합류할 수 있지 않을까 생각합니다. 절대 여러분에게 금품을 요구하는 일도 없고 계약 철회 보증 기간도 무제한입니다. 이 책을 읽고 차분히 생각해본 다음 '우주가 법칙과 수학의 지배를 받을 리 없다는 파'로 바꾸고 싶다면 언제든지 바꿀 수 있습니다.

이 책에서 제가 일관되게 제기하는 우주가 눈에 보이지 않는 법칙의 지배를 받고 있을 가능성을 곰곰이 생각해보면, 지금까지 당연하게 여겼던 것들이 완전히 바뀔지도 모릅니다.

그럼 우주 어딘가에 숨어 있다고 생각되는 법칙과 수학을 찾으러 함께 떠나볼까요?

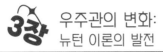

7장 법칙, 수학 그리고 우주

1장

이 책에 나오는 수식을 즐기는 법

낯선 수식에 익숙해지기

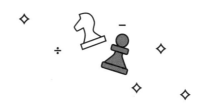

이 책의 궁극적인 목적은 우리가 살고 있는 세계와 우주 전체가 어떠한 특정 법칙에 의해 지배된다는 놀라운 사실을 인지하고, 함께 그 과정을 이해해가는 것입니다. 신기하게도 우리는 수학 방정식을 통해 그 법칙을 구체적으로 표현할 수도 있죠.

물리학자는 이러한 방정식을 바라보며 '아름다움'을 느끼곤 합니다. 20세기의 위대한 물리학자 리처드 파인먼은 '수학을 이해하지 못하면 자연의 깊은 아름다움을 완전히 이해할 수 없다'고 말하기도 했습니다. 그러나 수학이 친숙하지 않은 여러분에게는 이 수식들이 아름답다기보다 낯설게 느껴질지도 모르겠습니다. 심지어 저조차도 매우 높은 수준의 수학을 다루는 책을 볼 때 비슷한 느낌을 받곤 합니다.

이 책에는 복잡한 수학 방정식이 등장하지 않습니다. 애초에 복잡한 수학 방정식을 이해하는 것이 이 책의 목적도 아니고요. 오히려 우리가 예술 작품을 감상하듯이, 세상을 이러한 방식으로도 표현할 수 있다는 사실을 가볍게 느껴보는 것에 중점을 두고자 합니다.

1장에서는 수학에 익숙하지 않은 독자 여러분을 대표하는 인물과 함께 수식을 감상하는 방법에 익숙해지고, 수식의 아름다움을 발견하는 여정을 시작해보겠습니다.

느껴봐요, 수식의 아름다움!

⚠️ 안녕하세요. 저는 우주에 굉장히 관심이 많지만, 수식을 보면 두드러기가 날 지경이라 수식이 등장하는 순간 그다음 내용을 읽기가 어렵더군요. 이 책도 끝까지 읽을 수 있을지…….

걱정하지 마세요. 너무나 당연한 반응이랍니다. 대부분의 사람이 비슷한 반응을 보인다고 해요. 물론 수학과 물리학을 깊이 공부하면 완벽하게 해결되겠지만, 그렇지 않더라도 자주 보면 익숙해지고 수식을 읽는 요령까지 터득한다면 수식을 가볍게 즐길 수 있게 될 겁니다.

⚠️ 정말인가요? 참고로 저는 중학교 때부터 수학 포기자예요. 복잡한 기호로 가득한 수식을 볼 때의 심정은 더 말할 필요도 없습니다.

전혀 문제없습니다. 우선 그림 1.1의 숫자들을 함께 살펴볼까요?

```
                        3.1415926535
              8979323846 2643383279 5028841971
         6939937510 5820974944 5923078164 0628620899
     8628034825 3421170679 8214808651 3282306647 0938446095
   5058223172 5359408128 4811174502 8410270193 8521105559
  6446229489 5493038196 4428810975 6659334461 2847564823 3786783165
 2712019091 4564856692 3460348610 4543266482 1339360726 0249141273
7245870066 0631558817 4881520920 9628292540 9171536436 7892590360
0113305305 4882046652 1384146951 9415116094 3305727036 5759591953
0921861173 8193261179 3105118548 0744623799 6274956735 1885752724
8912279381 8301194912 9833673362 4406566430 8602139494 6395224737
1907021798 6094370277 0539217176 2931767523 8467481846 7669405132
0005681271 4526356082 7785771342 7577896091 7363717872 1468440901
2249534301 4654958537 1050792279 6892589235 4201995611 2129021960
8640344181 5981362977 4771309960 5187072113 4999999837 2978049951
0597317328 1609631859 5024459455 3469083026 4252230825
3344685035 2619311881 7101000313 7838752886 5875332083
8142061717 7669147303 5982534904 2875546873
1159562863 8823537875 9375195778
1857780532 1712268066
```

그림 1.1 자연계의 복잡함과 드러나지 않는 규칙성 때문에 그 미래를 예측하는 것은 언제나 어렵다.

⚠ 이건 그저 무작위로 나열된 숫자들 아닌가요?

정확히 말씀해주셨어요. 이렇게 나열된 방대한 숫자들만 봐서는 그 의미를 짐작하기 어렵죠. 하지만 이것이 바로 자연계의 현상을 그대로 관찰하는 방식이랍니다.

⚠ 그렇군요. 하지만 구체적으로는 잘 모르겠어요.

이 숫자열에서 맨 앞에 있는 3.14를 본 적이 있나요? 조금만 주의 깊게 본다면 초등학교 때 배운 원주율 π(파이)와 같다는 사실을 깨닫게 될 거예요. 이 숫자열이 단순히 π의 처음 몇 자리와 일치하는 것인

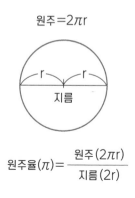

원주＝2πr

지름

$$원주율(\pi) = \frac{원주(2\pi r)}{지름(2r)}$$

그림 1.2 원주율 π의 정의

지, 아니면 이 숫자열 전체가 π와 정확히 일치하는지 궁금해하는 사람도 나타나겠죠.

⚠ 처음 몇 자리만 보면 분명히 원주율 값인 3.14와 같아 보입니다. 학교에서는 보통 3.14로 계산하곤 했지만 이렇게 숫자가 무한히 이어지고 있다니 신기해요.

원주율은 '원둘레(원주)와 원지름의 비율'로 정의됩니다. 기호는 그리스 문자인 π(Π)예요. 그림 1.1의 숫자들은 바로 이 원주율 π의 값으로 전 세계를 채우고 있는 셈이에요.

⚠ 이제 조금 기억이 나는 것 같아요. 이 숫자들이 진짜 원주율인지

확인하려면 직접 원을 그려서 측정해야 하나요?

맞아요. 그러나 아무리 정교하게 원을 그려서 측정하더라도 완벽한 원주와 지름의 비율을 얻기는 쉽지 않죠. 컴퍼스와 자로 직접 측정해보면 3.139나 3.142 같은 수치가 나올 수도 있답니다. 그러면 그림 1.1에 나타난 숫자열과 그림 1.2에서 보여주는 원주율이 정확히 일치하는지, 아니면 우연히 근사치로 나타난 것인지 구분하기 어려울 거예요.

하지만 수식을 사용하면 원주율 π 값을 훨씬 정밀하게 계산할 수 있습니다. 정밀한 계산을 위한 수식이 여러 개 있지만, 그중 세 가지를 골라 그림 1.3에서 보여줄게요.

⚠ **잠시만요, 시작부터 너무 어려워 보이는데요?**

걱정하지 말고 같이해봐요. 우리가 이 수식을 증명하려는 것은 아니에요. 단지 앞으로 우리가 수식을 어떻게 바라봐야 하는지 그 방법을 알려주려는 것뿐입니다. 예술 작품을 감상하듯이 각자의 방식대로 느끼다 보면, 결국엔 여러분도 이러한 수식의 아름다움을 발견하게 될 겁니다.

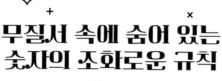

무질서 속에 숨어 있는
숫자의 조화로운 규칙

⚠ 수식이 아름답다고요?

식(1)은 홀수를 1, 3, 5, 7…… 순서대로 분모로 둔 분수들을 더하기와 빼기 기호를 넣어 번갈아가면서 더하고 있어요. 이렇게 간단하면서도 체계적인 규칙을 따라 무한히 많은 분수를 계속 더하는 겁니다.

⚠ 평범해 보이는 이 식으로 원주율을 구할 수 있다는 것이 정말 놀랍네요.

그리고 식(1)에서 두 번째 등호 뒤에 나오는 식은 바로 이 과정을 수학적 기호로 표현한 거예요. Σ(시그마)는 합계를 의미하는 기호로, 옆에 쓰인 정수 n을 0부터 시작해 무한대(∞)까지 증가시키며 더하는 연산을 뜻합니다. 이렇게 하면 왼쪽 식의 '…' 부분이 명확하게 정의되므로 원하는 만큼의 정확도로 계산할 수 있어요.

$$(1) \quad \frac{\pi}{4} = \left(1 - \frac{1}{3} + \frac{1}{5} - \frac{1}{7} + \cdots\right) = \sum_{n=0}^{\infty} \frac{(-1)^n}{2n+1}$$

$$(2) \quad \frac{\pi}{2} = \frac{2 \cdot 2}{1 \cdot 3} \cdot \frac{4 \cdot 4}{3 \cdot 5} \cdot \frac{6 \cdot 6}{5 \cdot 7} \cdot \frac{8 \cdot 8}{7 \cdot 9} \cdots = \prod_{n=1}^{\infty} \left(\frac{2n}{2n-1} \cdot \frac{2n}{2n+1} \right)$$

$$(3) \quad \frac{1}{\pi} = \frac{2\sqrt{2}}{99^2} \sum_{n=0}^{\infty} \frac{(4n)!(1103 + 26390n)}{(4^n 99^n n!)^4}$$

그림 1.3 원주율을 구할 수 있는 세 가지 수식

⚠ 수학 기호의 의미는 전혀 모르겠지만 어쨌든 무한히 계속되는 식
이 이렇게 하나의 식으로 정리된다는 거군요.

정확히 말씀하셨어요. 여기서 식(1)을 증명하는 것은 크게 중요
하지 않아요. 처음 보면 복잡하고 이해하기 어려워 보이는 그림 1.1의
숫자열도 실제로는 매우 단순한 규칙을 따르는 수식으로 표현할 수
있다는 점만 이해하면 된답니다. 특히 분수 나열의 규칙성은 상당히
매력적이지 않나요?

⚠ 맞아요. 분모가 홀수인 분수들을 더하기와 빼기 부호를 번갈아가
면서 더하는 모습이 마치 율동하는 것처럼 보여서 마음에 들어요.

더욱 놀라운 건 분수의 합으로 나타내는 식(1)과는 전혀 다른 모
습의 식(2)에서도 원주율을 구할 수 있다는 사실이에요.

⚠ 그렇군요. 식(1)과는 형태가 완전히 다른 식인데도 어떤 규칙성을 느낄 수 있어요.

식(2)에 나오는 수학 기호에 대해 간단히 설명할게요. Π는 기본적으로 곱셈을 의미하는데, 오른쪽 항의 정수 n을 1부터 시작해 무한대까지 계속 곱하는 과정을 나타내는 기호입니다. 식(2)에서 첫 번째 등호 뒤의 곱하는 숫자들도 간단한 규칙을 따르고 있죠. 그래서 이 식도 그 자체로 아름다운 형태라고 느껴집니다.

라마누잔, 수학 천재의 세계

⚠️ 조금씩 이해되기 시작하는 것 같아요. 수식의 아름다움이 무엇을 의미하는지도요. 원주율을 이렇게 다양한 방식으로 표현할 수 있다는 건 정말 놀라워요. 마치 누군가 완벽하게 설계한 것처럼 느껴질 정도예요.

맞아요. 이를 통해서 우리는 한 가지 진리가 다양한 형태로 표현될 수 있다는 걸 깨닫게 되기도 한답니다. 식(1)은 수학적 지식이 조금 있다면 증명할 수 있는 수준입니다. 그러나 식(3)은 식(1)이나 식(2)에 비해 훨씬 복잡해요. 단순한 숫자의 변형과 사칙연산을 넘어 2의 제곱근, 99의 n 제곱, !(계승) 같은 복잡한 연산이 들어가죠.

⚠️ 이 수식도 원주율 π를 나타내는 거라고요?

사실 저도 증명이 너무 복잡해서 이해하기 어렵답니다. 식(3)은 스리니바사 라마누잔1887~1920이라는 천재 수학자가 발견했는데, 그의 증명이 옳다는 것은 라마누잔이 세상을 떠난 후에야 밝혀졌습니다. 솔직히 말해 저는 식(3)은 너무 복잡해서 별로 아름답다고 느끼지 않아요. 하지만 이것도 예술 작품을 바라보는 사람들이 각각 다른 감정을 느끼는 것과 같다고 볼 수 있습니다. 모두에게 공감을 얻기는 어렵겠지만, 식(3)을 발견한 라마누잔의 천재성에는 정말 압도당합니다.

△ 라마누잔은 어떻게 이처럼 복잡하고 독특한 아이디어를 생각해냈을까요?

그러니까요. 라마누잔이 아니고서는 도저히 알 수 없을 것 같아요. 인도의 가난한 가정에서 자란 라마누잔은 정규 교육 과정에서 제대로 된 수학 교육을 받지 못했고, 대학도 중간에 그만두었죠. 그래서 라마누잔은 증명이란 개념 자체를 제대로 이해하지 못했을 거예요. 하지만 그는 그때까지 아무도 발견하지 못했던 수학 정리를 여럿 찾아냈죠. 라마누잔이 26세 때까지 발견한 무려 3,254개의 정리는 수학자들의 협력 끝에 1997년에야 완전히 증명되었다고 해요. 식(3)과 같은 수식을 라마누잔이 어떻게 생각해냈는지는 이후 그 정리들을 엄밀하게 증명한 수학자들조차도 여전히 알지 못한답니다. 진정한 천재라고밖에 할 수 없죠.

이러한 배경을 알고 나서 식(3)을 다시 보면 단순함을 넘어서는 아름다움과 감동이 느껴지지 않나요?

⚠ 네, 정말 그런 느낌이 들어요!

지금까지 우리는 원주율을 예로 들어 수학적 진리의 질서와 아름다움에 대해 이야기해봤습니다. 이것은 복잡해 보이는 자연계의 현상도 근본적으로는 단순한 규칙을 따른다는 것을 보여주는 사례예요. 특히 우주와 관련된 여러 사례에서 자연 속에 숨어 있는 진리를 찾는 것도 이 책의 중요한 목표 중 하나입니다.

예를 들어 실험이나 관측 결과는 종종 그림 1.1처럼 방대한 수치 데이터를 포함합니다. 그저 데이터를 바라보는 것만으로는 그 뒤에 숨어 있는 세계의 법칙을 파악할 수 없습니다. 라마누잔 같은 천재가 데이터의 의미를 갑자기 깨닫는 사례도 있지만, 대부분은 많은 연구자가 시간을 들여서 조금씩 그 의미를 해석해나갑니다. 이러한 과정이 바로 과학의 본질이죠.

수식은 어떻게
자연의 신비를 풀어낼까

⚠ 조금은 설레네요. 자연현상에서 얻은 데이터의 규칙성을 볼 수 있
는 간단한 사례는 없을까요?

멀리 던진 공의 궤적이나 태양 주위를 도는 행성들의 움직임 같
은 것이 좋은 예가 될 수 있어요. 이런 현상들을 일정 시간 동안 측정
해서 나열하면 그림 1.1처럼 방대한 수치 데이터가 만들어집니다. 그
데이터를 자세히 들여다보면 어떤 규칙성이 존재한다는 걸 알 수 있
죠. 예를 들어 사과가 나무에서 떨어질 때 속도는 시간이 지나면서 증
가하지만, 지구는 태양 주위를 거의 일정한 속도로 돌고 있어요. 하지
만 단순히 관찰하는 것만으로는 그 데이터가 얼마나 정확한지 알 수
없습니다. 현상을 더 정밀하게 설명하기 위해서는 그 뒤에 있는 법칙
을 찾아내고 수학 방정식으로 표현해야만 하죠.

이러한 접근 방식을 통해 과학을 발전시키고, 특히 우주의 움직
임을 이해하는 데 중요한 역할을 한 사람들이 갈릴레오 갈릴레이, 요

하네스 케플러, 아이작 뉴턴, 알베르트 아인슈타인이에요. 이들의 발견에 대해서는 다음 장부터 자세히 다룰 겁니다.

⚠ 자연현상을 어떻게 이처럼 정확하게 수식으로 표현할 수 있죠?

그런 의문을 품는 것도 당연하지만 이유는 알려지지 않았어요. 다만 이미 대부분의 자연현상이 수학을 사용해서 놀라울 정도로 정확하게 기술할 수 있다는 사실은 알려져 있어요. 그래서 정확하게 기술되지 않은 자연현상이 있다고 해도 수학으로 표현할 수 없는 것이 아니라, 우리가 '아직' 본질적으로 이해하지 못한 것뿐이라고 해석합니다. 즉 저 깊은 곳에 우리에게 알려지지 않은 (수학적) 법칙이 숨어 있는 거라고요. 심지어 아인슈타인도 이런 신비에 놀라워하며 '경험으로부터 독립적인 사고의 산물인 수학이 어떻게 물리적 실재와 그렇게 잘 부합하는지' 궁금해했죠.

⚠ 아인슈타인이 놀라움을 느낀 신비를 조금이라도 알고 싶습니다.

그게 바로 이 책의 목적이에요. 수식으로 표현한 법칙으로 우주의 움직임을 얼마나 멋지게 설명할 수 있는지 소개함으로써 분명히 이 우주가 수학적 법칙을 따른다는 것을 여러분이 이해할 수 있도록 도와주려는 거죠. 그래서 어쩔 수 없이 수식 몇 개를 소개하지만, 수식 자체를 너무 어렵게 생각하지 말고 수식에 대해 설명한 글과 함께 가볍게 읽어나가면 됩니다.

⚠ 네, 편안한 마음으로 읽어볼게요. 이해되지 않는 부분은 중간에 질문해도 되나요?

당연하죠. 아마 같은 고민을 하는 독자가 더 많을 테니 대신 질문해주는 것도 큰 도움이 될 거예요. 미술이나 음악을 감상할 때 전문가와 아마추어의 경험은 달라도 누구나 각자의 수준에 맞게 즐길 수는 있잖아요. 그것이야말로 예술이 지닌 보편적 가치입니다.

과학도 예술처럼 각자의 방식으로 이해하고 즐길 수 있습니다. 수학이나 과학을 알면 알수록 더욱 깊은 감동을 느낄 수 있지만, 꼭 수학이나 과학을 깊이 있게 공부해야 하는 건 아닙니다. 계속 말했듯이, 예술처럼 과학도 다양한 방식으로 즐길 수 있어야 하니까요. 어려운 부분이 있더라도 걱정하지 말고 이해한 부분을 중심으로 즐기면서 읽으세요. 저도 여러분이 이해할 수 있도록 최선을 다해 설명하겠습니다.

2장

세계를 지배하는 법칙

법칙과 법률은 다르다

앞에서 이 세계는 법칙이 지배한다는 사실을 여러분과 공유하고, 이해하게 만드는 것이 이 책의 목적이라고 이야기했습니다. 그러기 위해서 법칙이란 무엇인가부터 설명해야겠지요.

법칙은 영어로 law, 프랑스어로는 loi입니다. 둘 다 법률을 의미하기도 합니다. 법률은 국가별로 다르고, 법률에 따른 판단의 옳고 그름도 사람이나 정치적 입장에 따라 달라질 수 있습니다. 따라서 합법과 위법의 기준이 항상 명확하지 않으며, 때때로 위법적인 행동이 정당하다고 인정받는 경우도 있습니다. 즉 법률은 결코 절대적인 진리가 아닙니다.

반면 같은 law를 사용하더라도 법칙(이 책에서는 주로 자연계의 기본적인 물리법칙을 의미)은 법률과는 근본적으로 다른 특성을 가지고 있습니다. 가장 중요한 특성은 법칙은 도대체 어디에서 누가 정한 것인지 알 수 없다는 거예요. 다시 말해 법칙의 기원이나 근거가 분명하지 않습니다. 또한 우리는 법칙의 개념 자체를 완전히 이해하고 있지 못합니다. 그럼에도 우리를 포함한 세상의 모든 것은 법칙에 어긋나지 않게 움직이죠. 법칙은 절대적인 힘을 가진 진리라고 할 수 있습니다.

어떤 궁극적인 규칙이 적혀 있는 책이 어디에 있는지, 또 누가 읽어보는지조차 모르지만 이 세계는 철저하게 법칙이 지배하고 있다는 사실이 정말 신기합니다. 법칙이 적혀 있는 책의 내용을 파악하려고 노력하는 사람들이 물리학자(보다 넓은 의미에서는 과학자)입니다.

인간의 활동이 중심이 되는 세계를 탐구하는 인문 사회학에는 이러한 의미의 법칙이 따로 존재하지 않습니다. 인문 사회학은 인간이 어떤 세계를 구축하며, 그 세계 안에 어떤 보편적인 의미가 존재하는지 혹은 존재하지 않는지를 탐구하는 것이 목표입니다. 이는 자연과학이 다루는 4차원의 시공간 속 물질 세계와는 다른, 인간을 중심으로 한 추상적인 세계에 대한 탐구라고 할 수 있죠.

그렇다면 수학은 어떨까요? 수학에서는 자연계가 선택한 규칙서에 한정되지 않고, '공리'라고 부를 수 있는 다른 법칙들에서 출발해 어떤 이론 체계를 형성하는지를 탐구합니다. 우리가 살고 있는 구체적인 물질 세계를 다루는 물리학보다 훨씬 포괄적이고 광범위한 시각을 가지고 있습니다. 놀라운 사실은 순수한 사고에서 출발한 수학이 실제로 이 세계를 기술하는 데 본질적인 역할을 한 사례가 역사적으로 많이 알려져 있다는 것입니다. 이렇게 물리학과 수학 사이의 신비한 관계를 들여다보는 것 또한 이 책의 목표입니다.

법칙을 발견하는 과정

앞에서 길게 설명했지만, 도대체 법칙이 무엇인지 정확히 이해하기 어려울 겁니다. 그래서 일상에서 물리학자들이 법칙이라고 부르는 것을 어떻게 찾아내는지, 좀 더 구체적인 사례를 들어 그 과정을 함께 살펴보겠습니다(이 사례들은 실제 역사적 발견의 순서를 따르고 있지만 항상 그런 것은 아닙니다).

A 태양이 매일 동쪽에서 떠올라 서쪽으로 지는 현상

이 현상이야말로 매일 일어나고 쉽게 관찰되는 현상입니다. 하지만 이 현상의 원인을 이해하는 것은 결코 간단하지 않습니다. 가장 기본적인 관찰에 따라 해석한다면, 지구가 우주의 중심에 있고 태양이 지구 주위를 하루에 한 번 돌고 있다는 것이겠죠. 물론 우리는 이러한 해석이 잘못되었다는 것을 분명히 알고 있습니다. 매일 보는 익숙한 현상에도 이 세상을 움직이는 근본적인 법칙들이 숨어 있다는 점을 보여주는 좋은 예입니다.

B 밤하늘의 별이 1년을 주기로 서로 다른 위치에서 관찰되는 현상

요즘은 수많은 인공적인 빛이 밤하늘을 밝히다 보니 밤마다 별을 관찰할 수 있는 기회가 많이 줄었습니다. 그래서 별이 태양처럼 매일 밤하늘을 돈다(일주운동)는 사실을 따로 배우지 않고서는 자연스럽게 인지하는 사람이 거의 없어졌죠. 예전에는 밤하늘을 바라보는 시간이 길었기 때문에 관찰력이 뛰어난 사람들은 별이 일주운동을 할 뿐만 아니라 1년 주기로도 움직이고 있다(연주운동)는 사실을 발견했습니다.

천체의 이러한 변화 주기, 즉 1년은 지구상에서는 사계절의 변화 주기와 일치합니다. 이 사실은 우리가 사는 지구와 하늘의 세계를 통합적으로 설명할 수 있는 어떤 공통된 이유가 있음을 암시합니다.

C 지구가 자전하며 태양 주위를 1년 주기로 공전하는 현상

A와 B 현상은 하늘이 지구를 중심으로 돌고 있다는 관점에서 설명하는 데 한계가 있습니다. 만약 태양이 지구 주위를 회전한다면 태양은 서쪽에서 떠서 동쪽으로 져야 합니다. 또한 지구가 가만히 있다면 연주 시차(어떤 천체를 지구에서 본 방향과 태양에서 동시에 본 방향의 차이)가 나타날 리가 없지요. 지구가 하루에 한 번 자전하며, 태양을 중심으로 1년에 한 번 공전한다는 관점이 두 현상을 훨씬 더 깔끔하게 설명할 수 있습니다. 바로 니콜라우스 코페르니쿠스1473~1543가 제안한 천동설에서 지동설로의 패러다임 전환입니다.

D 행성의 공전궤도가 타원인 현상

태양 주위를 공전하는 지구를 받아들이더라도 대부분은 본능적으로 그 궤도가 원형이라고 생각할 겁니다. 그러나 요하네스 케플러1571~1630는 행성 위치를 정밀하게 관측한 데이터를 통해 행성의 궤도가 실제로는 완벽한 원형이 아니라 타원형이라는 사실을 밝혀냈습니다. 이 중요한 발견은 그림 2.1에 나오는 케플러의 제1법칙으로도 잘 알려져 있죠.

놀랍게도 이러한 발견의 근거가 된 데이터는 티코 브라헤1546~1601가 약 20년 동안 맨눈으로 수행한 천체 관측의 결과였답니다. 대형 망원경이나 컴퓨터가 없던 시대에 맨눈으로 정밀한 관측을 수행했다는 것은 현대 천문학자들도 믿기 어려운 일입니다. 이론적 연구에 뛰어났던 케플러는 브라헤의 방대한 데이터를 분석해 중요한 세 가지 법칙을 발견했습니다(그림 2.1).

이 책을 통해 전달하고자 하는 핵심 중 하나는 '세상의 법칙은 수학적 언어로 표현된다'는 것입니다. 따라서 여러 차례 언급한 대로 수식을 완전히 피할 수는 없습니다. 그림 2.1이 보여주는 케플러 법칙 정도는 앞으로의 여정에서 준비운동이라고 여겨주세요.

평소에 사용하는 언어로는 어느 정도 이해할 수 있지만 수식은 전혀 모르겠다는 분도 있을 겁니다. 그러나 수식을 사용하지 않으면 법칙의 진정한 의미를 정확하게 전달하기 어렵습니다. 방정식은 식 안의 변수들이 무엇을 의미하는지만 안다면, 변수들 사이의 관계를

제1법칙

행성은 태양을 초점으로 하는 타원궤도를 움직인다.

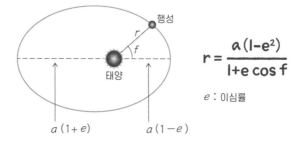

$$r = \frac{a(1-e^2)}{1+e \cos f}$$

e : 이심률

제2법칙

행성과 태양을 연결하는 선이 같은 시간 동안 그려내는 면적은 언제나 동일하다.

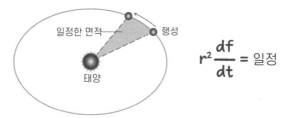

$$r^2 \frac{df}{dt} = 일정$$

제3법칙

행성 공전주기의 제곱은 궤도 장축 반지름의 세제곱에 비례한다.

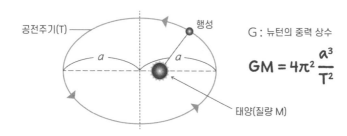

G : 뉴턴의 중력 상수

$$GM = 4\pi^2 \frac{a^3}{T^2}$$

그림 2.1 케플러 법칙

나타내는 것 그 이상도, 이하도 아닙니다. 그러니 수식이 그렇게 어려운 것은 아니죠. 관계식을 발견하고 증명하는 일은 복잡할 수 있습니다. 그러나 이 책에서는 그 수식이 올바르다는 가정 아래 그림이나 사진을 감상하듯이 가볍게 읽어나가면 좋겠습니다.

떨어지는 사과와
지구의 공전은 같은 현상

E 두 물체 사이에 작용하는 중력은 각각의 질량에 비례하고, 두 물체 사이 거리의 제곱에 반비례한다.

그림 2.1 케플러 법칙은 '법칙'으로 불리지만, 실제로 물리학자들이 생각하는 일반적인 '물리법칙'은 아니기 때문입니다. 케플러 법칙은 현상을 수식으로 기술한 것이지 그 현상이 왜 발생하는지를 설명하는 근본적인 이론은 아니기 때문입니다. 태양계 내 행성의 운동을 관측한 방대한 데이터를 단 세 개의 수식으로 요약한 것은 무척 놀랍습니다. 그러나 이것만으로는 행성운동 말고 다른 현상에 적용하기 어렵습니다.

이때 등장하는 인물이 아이작 뉴턴1642~1727입니다. 뉴턴은 케플러 법칙이 만유인력 법칙에서 유도될 수 있음을 발견했습니다. 이 사실을 알고 D와 E를 비교해보아도 두 현상의 관련성이 쉽게 보이지는 않습니다. 하지만 물리학자들이 말하는 법칙의 놀라운 보편성을 보여주는 좋은 사례입니다.

지구가 태양 주위를 공전하는 현상과 나무에서 사과가 떨어지는

만유인력 법칙(중력의 역제곱 법칙)

두 물체 사이에는 그 거리의 제곱에 반비례하는 만유인력(중력)이 작용한다.

$$\vec{F} = -\frac{GMm}{r^2}\frac{\vec{r}}{r}$$

운동법칙

물체 질량과 가속도의 곱은 그 물체에 작용하는 힘과 같다.

$$m\frac{d^2\vec{r}}{dt^2} = \vec{F}$$

중력의 영향을 받는 물체의 운동방정식

뉴턴의 이 두 식을 결합하면 케플러의 제3법칙을 증명할 수 있다.

$$\frac{d^2\vec{r}}{dt^2} = -\frac{GM}{r^2}\frac{\vec{r}}{r}$$

그림 2.2 뉴턴이 밝힌 하늘과 땅을 아우르는 법칙

현상은 얼핏 보면 전혀 연관성이 없어 보이지요. 이 두 현상이 본질적으로 같다는 것을 증명한 것만으로도 왜 뉴턴이 진정한 천재인지를 알 수 있습니다.

　뉴턴이 한 많은 대발견 중에서도 뉴턴의 운동법칙은 아주 중요한 발견입니다. 뉴턴의 운동법칙과 만유인력 법칙을 결합하면 나무에서 떨어지는 사과의 운동, 태양 주위 행성의 운동, 더 나아가 빛조차 빠져나오지 못하는 블랙홀의 존재까지 설명할 수 있습니다(그림 2.2). 뉴턴은 그림 2.2의 법칙을 통해 단순히 현상을 기술하는 것에만 머무르지 않았다는 점을 강조해두겠습니다.

기술이란 특정 순간에만 적용되는 관계를 의미합니다. 그러나 이 세계는 끊임없이 변화하고 있기 때문에 단지 특정 순간에만 적용되는 관계를 발견한다 해도 큰 의미가 없는 경우도 있지요. 오직 과거뿐만 아니라 미래에도 계속 적용되는, 더 광범위하고 보편적인 성격을 지닌 것만 법칙이라고 할 수 있습니다. 다시 말해 이 책에서는 넓은 범위의 현상을 다루고, 그 미래까지 예측할 수 있는 것만 법칙으로 정의합니다.

사회에 꼭 필요한 미분방정식

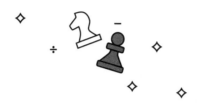

미래에는 어떤 일이 생길까 예측할 수 있는 것은 법칙을 미분방정식이라는 수학의 언어로 기술한 덕분입니다. 미분이란 간단히 말해 조금만 어긋나게 해서 그 차이를 조사한다는 뜻입니다. 예를 들어 현재 시각 t에서 어떤 물리량 f=f(t)가 아주 약간의 미래 시간 t+Δt에서는 물리량이 f+Δf로 변하게 됩니다. 이때 Δf와 Δt의 비율이 어떻게 되는지를 분석하는 것이죠.

대부분은 고등학교 이후로 수학을 거의 잊어버립니다. 더욱이 미분과 적분은 고등학교 졸업 이후로 일상에서 써본 적이 없을 겁니다. 심지어 미분과 적분 같은 것은 배울 필요가 없다고 공개적으로 말하는 사람도 있죠. 하지만 앞으로 디지털 사회에서는 이과와 문과 상관없이 미분과 적분은 반드시 알아야 합니다. 디지털 사회에서는 우리가 다루고자 하는 모든 장비와 기기가 이미 발생한 현상에 대한 단순한 해석을 넘어 미래를 예측하는 데 사용되기 때문입니다. 이를 위해 머신러닝, 딥러닝 같은 여러 AI 기술이 사용되고 있죠. 이때 가장 중요한 점은 가능한 한 정확하게 미래를 예측하는 것인데, 이는 미분과 적분을 사용해야만 할 수 있습니다.

　뉴턴은 17세기에 현대 사회의 기반을 이루는 미적분학을 창시하고, 이 새로운 수학적 도구를 활용해 우리 세계의 근본적인 질서를 규명하는 물리법칙들을 정립했습니다. 이처럼 다양한 현상에 작용하는 근본적인 원리들을 매우 간결하면서도 보편적인 수식으로 요약해내는 것, 그것이 바로 법칙의 본질입니다.

만유인력 법칙이란

Q.

뉴턴의 만유인력 법칙이 정확히 무엇인가요? 지구에 인력이 있다는 건 알겠어요.

만유인력은 모든 물체 사이에 존재하는, 서로를 끌어당기는 힘을 의미합니다. 중력과 같은 개념이죠. 지구에 인력이 있다는 것은 우리 몸과 지구 또는 사과와 지구 사이에 작용하는 만유인력을 의미합니다. 만유 Universal라는 말에서 알 수 있듯이, 이 힘은 모든 물체 사이는 물론이고 사과와 사람 사이에도 존재합니다. 다만 사람과 지구, 사과와 지구를 비교해보면, 사과나 사람의 질량이 지구에 비해 아주 작다 보니 정밀한 측정 도구 없이는 우리가 직접 느끼기 어려울 정도로 매우 작은 힘이죠.

Q.

질량과 무게의 차이는 무엇인가요?

정말 중요한 질문이에요! 질량은 물체의 고유한 속성으로, 우주 어디에서든 일정하게 유지되는 값이지만 무게는 그 물체가 위치한 환경에 따라 변할 수 있답니다. 같은 질량을 가진 물체라도 무중력 상태에서는 무게가 0이 되지만, 달 표면에서 측정한다면 지구에 있을 때 무게의 약 6분의 1이 됩니다.

이렇게 무게는 물체의 질량에 따라, 그 물체가 위치한 중력의 세기에 따라 달라집니다. 이러한 원리를 더 정교하게 설명하는 법칙이 바로 뉴턴의 만유인력 법칙이며, 아인슈타인의 일반상대성이론과도 밀접한 관련이 있죠.

Q.

저는 뉴턴을 단지 사과가 나무에서 떨어지는 것을 보고 중력을 깨달은 사람으로만 알고 있었어요. 그런데 뉴턴이 그렇게 대단한 법칙을 찾아낸 인물이었다니 정말 놀라워요.

맞아요. 사과가 나무에서 떨어지는 일상적인 현상에도 깊이 있는 질문을 던지고, 그 답을 찾아낼 수 있는 통찰력이야말로 뉴턴을 위대한 사람으로 만들었다고 생각합니다. 대부분은 당연한 현상이니까 질문할 필요조차 없다고 생각하기 쉬운데, 뉴턴은 이토록 당연해 보이는 현상에서 세상을 지배하는 매우 중요한 과학적 원리를 발견했으니까요.

Q.

케플러 법칙과 뉴턴의 법칙이 어떻게 연결되는지 그리고 왜 연결되는지 아직 이해하기 어렵습니다. 간단히 설명해줄 수 있나요?

정말 쉽지 않은 질문입니다. 이해하기 어렵다는 것이 전혀 이상하지 않을 정도로요. 예를 들어볼게요. 행성이 태양 주위를 원궤도로 운동한다고 가정하면, 케플러의 제2법칙과 제3법칙은 고등학교 물리학 수준만 되어도 증명할 수 있습니다. 그러나 실제로 행성은 원궤도가 아닌 타원궤도(제1법칙)로 운동하고, 이러한 조건에서도 케플러의 제2법칙과 제3법칙이 성립한다는 것을 증명하기 위해서는 대학 수준의 물리학 지식이 필요하죠. 그런데 이 증명은 뉴턴의 만유인력 법칙과 운동법칙을 결합한 그림 2.2의 세 번째 방정식을 풀기만 하면 됩니다. 복잡해 보일 뿐이지, 기본적인 미적분 개념을 이해한다면 누구나 해결할 수 있는 수학 문제가 되죠.

우주를 아우르는 아인슈타인 방정식

뉴턴이 구축한 물체의 운동에 관한 물리학 체계는 '뉴턴 역학'이라고 불리며 근대 과학의 토대를 마련했습니다. 비과학적인 표현을 사용하자면 세계가 어떻게 움직여야 하는지 신이 정한 규칙을 발견한 것과 같죠. 그러나 물리학자들은 이것만으로 만족하지 못했습니다. 왜 세상은 이러한 법칙을 따르는 것인지, 왜 두 물체 사이에 만유인력이 작용하는지에 대한 근본적인 설명은 뉴턴의 법칙에서 찾을 수 없으니까요.

이 사실은 법칙이라는 개념엔 사실상 끝이 없다는 것을 보여줍니다. 절대 뉴턴이 부족해서가 아닙니다. 과학은 어떤 수수께끼가 풀리는 순간 더 깊은 수수께끼가 드러난다는 특성을 가집니다. 이런 점에서 과학은 끝이 없으며 끊임없는 탐구와 발견의 여정이라고 할 수 있죠.

앞서 언급했듯이, 케플러 법칙은 법칙으로 불리지만 대부분의 물리학자가 생각하는 법칙은 아닙니다. 케플러 법칙은 뉴턴의 법칙을 이용해 유도할 수 있기 때문에 뉴턴의 법칙이 더 근본적이고 보편적이죠. 마찬가지로 뉴턴의 법칙보다 더 근원적인 이론이 바로 일반상대성이론입니다. 아인슈타인은 뉴턴의 법칙이 왜 그리고 어디까지 정확한지 깊이 생각하며 혁명적인 세계관을 발견했습니다.

아인슈타인이 발견한 일반상대성이론에 따르면, 만유인력(중력)의 기원을 다음과 같이 간단하게 요약할 수 있습니다.

F 질량을 가진 물체는 주변의 시공간을 왜곡시킨다

시공간과 중력의 관계를 설명하는 이러한 이론은 처음 접할 때는 상당히 이해하기 어려울 겁니다. 시공간과 중력의 개념을 명확하게 알지 못한다면, 시공간과 중력이 어떻게 서로 연관되는지 이해하는 것은 결코 쉬운 일이 아니죠. 만약 아인슈타인이 뉴턴 시대에 이러한 이론을 제시했다면 아인슈타인의 상대성이론은 아마 진지하게 받아들여지지 못했을 겁니다.

일반상대성이론에 대한 자세한 설명은 4장에서 다루므로 여기에서는 이 이론을 요약한 아인슈타인 방정식을 먼저 소개하겠습니다(그림 2.3). 이 방정식의 구체적인 의미를 다루지는 않을 테니 너무 걱정하지 않아도 됩니다. 복잡해 보이는 이러한 수식을 소개하는 이유는 일종의 백신처럼 여러분에게 수식에 대한 면역을 키워주기 위해서입니다. 여러분이 이해해야 하는 한 가지는 이 세상을 지배하는 법칙이 존재하며, 복잡해 보일지언정 그 법칙을 간결하게 수식으로 표현할

$$R_{\mu\nu} - \frac{1}{2}Rg_{\mu\nu} = \frac{8\pi G}{c^4}T_{\mu\nu}$$

이 방정식의 좌변은 시공간의 기하학적 구조(시간과 공간이 휘어지는 구조)를 보여주는 물리적 양을 나타내고, 우변은 그 시공간 내에 존재하는 물질의 분포를 나타냅니다. 다시 말해 **시공간** = **물질**이라는 개념을 수학적으로 표현한 방정식입니다.

그림 2.3 아인슈타인이 제시한 우주를 아우르는 방정식

수 있다는 사실입니다.

저를 포함한 많은 물리학자가 이 방정식을 물리학에서 가장 우아한 식 중 하나로 생각하고 있습니다. 이렇게 세계의 법칙을 설명하는 방정식을 발견하는 등 아인슈타인의 위대한 업적들은 말할 필요도 없죠. 무엇보다 법칙의 존재를 꿰뚫고, 이를 구체적인 수식으로 표현해내려고 한 아인슈타인의 통찰력과 노력은 감동까지 줍니다. 그래서 아인슈타인이 일반상대성이론을 '발명했다'기보다는 '발견했다'라고 표현합니다.

사실 이 세계 어딘가에 분명히 존재하는 법칙을 아인슈타인이 가장 먼저 발견했다고 할 수 있습니다. 아인슈타인이 없었다고 해도 결국 누군가는 이 법칙을 발견했겠죠. 다만 그 시간이 얼마나 걸렸을지는 아무도 모르겠지만요.

A에서 F까지 어떤 현상에서 법칙을 발견하고 발전시키는 과정을 살펴보았습니다. 이를 통해 알 수 있듯이, F가 최종 법칙이라고 확신할 수는 없습니다. 오히려 인류가 아직 발견하지 못한 더욱더 근본적인 법칙이 존재할 가능성도 분명히 있지요. 이렇게 조금씩 점진적으로 법칙을 발견하고 심화시켜나가는 과정이 과학의 본질입니다.

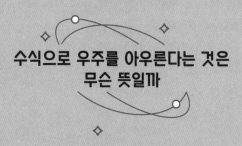

수식으로 우주를 아우른다는 것은 무슨 뜻일까

Q.

저는 아직 아인슈타인 방정식의 아름다움을 잘 모르겠어요. 그리고 하나의 식으로 모든 우주를 아우를 수 있다는 게 정확히 무슨 뜻인가요?

아인슈타인 방정식은 열 개의 식을 하나의 식으로 압축해 표현한 것입니다. 열 개의 식 하나하나는 단순하지만 우주의 질서를 설명하는 여러 항으로 구성되어 있죠. 식의 구조를 이해하면 그 식이 담고 있는 아름다움을 자연스럽게 느낄 수 있습니다.

예술 작품을 더 깊이 이해하려면 그에 대한 지식과 경험이 필요한 것처럼 과학도 마찬가지입니다. 지식과 경험이 모두 다르기 때문에 당연히 사람마다 아인슈타인 방정식이 아름답게 느껴질 수도 있고, 그렇지 않다고 느껴질 수도 있지요. 단지 이런 방정식을 보고 감탄하는 저와 같은 사람도 있다는 것만 알면 충분하답니다.

현대 물리학에 따르면, 자연계에는 강력, 약력, 전자기력, 중력 네 개의 힘이 존재합니다. 이 네 개의 힘은 우주의 모든 현상을 설명하는 데 반드시 필요해요. 이 가운데 중력을 설명하는 이론이 일반상대성이론으로, 그 핵심이 아인슈타인 방정식입니다. 아인슈타인 방정식은 중력뿐만 아니라 시공간 자체의 운동까지 설명합니다. 다시 말해 아인슈타인 방정식은 우주 안의 물체들이 어떻게 움직이는지를 넘어 우주 자체, 즉 시간과 공간의 구조를 기술합니다.

제가 '모든 것'이라고 언급한 이유는 아인슈타인 방정식이 설명하는 대상이 광범위하다는 것, 그리고 이 방정식이 포함하는 주제의 규모가 대단하다는 것을 강조하기 위해서입니다.

점술가와 과학자의 차이

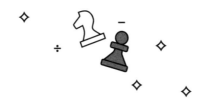

자연과학은 경험과 실험, 관측을 통해 얻은 결과를 바탕으로 지속적으로 이론을 개선하고, 그 과정을 확인하고 다듬는 분야입니다. 이론만으로 모든 것을 완벽하게 설명할 수 없으며, 때로는 현재 정확하다고 여겨지는 과학적 이해가 미래에는 다르게 평가될 수 있습니다. 이러한 변화의 가능성은 상당히 높지요. 이것이 바로 과학의 진보입니다. '과학은 항상 옳다'라는 믿음은 오히려 비과학적인 태도라고 할 수 있습니다.

그렇다면 점술가와 과학자가 결국 같지 않느냐고 생각할 수도 있지만 중요한 차이가 있습니다. 점술가는 자신의 예측이 옳다고 확신하며 대가를 받지만, 예측이 틀렸다고 해서 틀린 자료를 앞으로 할 예언의 신뢰도를 높이기 위해 활용하지는 않습니다(어쩌면 연구를 절대 게을리하지 않는 성실하며 과학적인 점술가도 있겠지만요).

반면 과학자에게는 기존 이론에서 제시한 예측이 틀렸다는 걸 아는 게 흥미로운 돌파구가 됩니다. 틀린 예측 자체가 기존의 법칙을 더 깊게 이해할 수 있는 기회를 주기 때문이죠. 과학과 유사과학의 차이는 반증 가능성에 있습니다. 예측의 결과가 옳은 것이 과학이고, 옳지 않은 것이 유사과학이라는 뜻은 아닙니다. 과학은 만약 예측이 틀렸다면 틀렸다는 근거를 제시해 예측이 틀렸다는 것을 증명할 수 있어야 합니다. 결과가 옳다는 것이 과학을 정의하는 것이 아니라 틀렸다는 것을 증명할 수 있는 가능성이야말로 과학의 핵심 가치입니다.

이 같은 과학의 반증 가능성을 제안한 사람은 과학철학자 칼 포퍼1902~1994입니다. 때때로 과학자가 아닌 과학철학자들에게 비판을 받기도 합니다.《과학혁명의 구조The Structure of Scientific Revolutions》를 쓴 토머스 쿤1922~1996이 대표적이죠. 쿤은 역사적으로 과학자들이 자신의 이론이 틀린 이론일지라도 반증을 찾는 대신, 자신의 가설을 지지하는 또 다른 가설을 이용하면서 발전해왔다고 비판했습니다. 다시 말해 칼 포퍼가 제시한 과학의 반증 가능성은 그 자체로 의미가 있더라도, 실제로 과학은 그렇게 발전해오지 않았다는 겁니다. 그러나 저를 포함한 많은 과학자 사이에서는 이해하기 쉽고 통찰력 있는 과학의 정의로 널리 인정받고 있습니다. 예를 들어 반증 가능성의 관점을 적용하면 '신은 존재한다'는 명제가 과학의 범위에 속하지 않는다는 것을 알 수 있습니다. 신은 존재한다는 주장이 과학적으로 유효하려면, '이러이러한 현상이 발생한다면 신은 존재하지 않는다'처럼 구체적으로 검증할 수 있는 조건이 필요합니다. 하지만 신이 만능이라면 어떠한 현상도 가능하기 때문에 신은 존재하지 않는다는 주장은 증명할 방법이 없습니다. 따라서 신의 부재를 증명하는 것 자체가 원칙적으로는 불가능하며, 이는 과학이 다루는 영역 밖의 문제로 간주됩니다.

A부터 F까지 사례를 통해 구체적인 경험을 바탕으로 보편적인 법칙으로 조금씩 발견해나가는 과학의 발전 과정을 확인했습니다. 따라서 F도 최종 법칙이라고 장담할 수 없으며, 앞으로 연구를 통해 F의 문제점과 한계가 발견되고 그것을 뛰어넘는 새로운 법칙이 발견될 가능성이 훨씬 크지요.

과학은 이같이 오랫동안 수정과 개선을 거듭하면서 더 보편적이고 정확한 방향으로 발전한다는 특성을 두드러지게 가지고 있습니다.

법칙은 세계의 반영일까 아니면 그 이상일까

과학은 지속적으로 발전하고 진화하는 과정에 있으므로 특정 시점에서 발견한 법칙이 절대적으로 정확하다고 말할 수 없습니다. 현재의 법칙은 현시점에서 모순점이 없다는 소극적인 의미에서만 옳다고 볼 수 있죠. 애초에 이 세계를 엄밀하게 설명하는 완벽한 법칙 같은 건 존재하지 않을지도 모릅니다. 더 나아가 세계를 완벽하게 설명하는 절대적인 법칙이 과연 존재하는지도 확실하지 않습니다.

설령 그런 법칙이 있다 하더라도 그 법칙을 우리가 사용하는 언어(수학 포함)로 완전히 표현할 수 있다는 보장은 없습니다. '아름답다'라는 단어가 아름다움의 모든 면을 포괄하지 못하는 것처럼 말이죠. 그래서 우리가 기술할 수 있는 법칙은 세계의 현상을 유사하게 설명하는 것에 그칠 수 있습니다.

이 개념이 추상적으로 느껴질 수도 있으니 1장에서 언급한 원주율을 다시 예로 들어볼까요? 유클리드 기하학에서는 원주율을 그림 1.3과 같은 수식으로 엄밀하게 기술할 수 있습니다. 이런 맥락에서 이 관계식은 단지 유사한 것이 아니라 엄밀하다고 볼 수 있죠.

실제로 유클리드 기하학은 단순한 가정에 지나지 않습니다. 수학은 특정한 전제(정확히는 공리公理계)에서 출발해 그 안에서 성립하는 보편적이고 엄밀한 관계식을 찾아내고 증명하는 학문입니다. 공리란 수학의 이론 체계에서 가장 기초적인 근거가 되는 명제를 말합니다. 즉 증명 없이 참으로 받아들이는 명제이죠. 이를테면 유클리드 기하학의 첫 번째 공리는 '어떤 한 점에서 다른 한 점을 잇는 선분을 그릴 수 있다'입니다. 만약 비유클리드 기하학을 공리계로 채택한다면, 그림 1.2에서 정의된 원주율(20쪽)은 그림 1.3의 관계식(23쪽)을 만족하는 π와는 다른 값이 되겠죠.

반면 자연과학은 이 세계가 따르는 하나의 기본 전제(공리계)가 무엇인지를 밝히려고 합니다. 아무리 논리적으로 모순이 없는 이론이라도 현실에서 수행한 실험과 관측 결과를 설명하지 못한다면, 그 이론은 틀렸다고 말할 수 있습니다. 이것이 수학과 자연과학의 근본적인 차이점입니다. 수학에서는 유클리드 기하학과 비유클리드 기하학 모두 올바른 이론으로 인정합니다. 수학에서는 어느 한쪽이 맞고 다른 한쪽이 틀렸다고 판단하는 게 의미가 없습니다. 그러나 우리가 사는 세계는 그중 하나만 채택하고 있기 때문에 결과적으로 다른 한쪽은 수학적으로는 올바르지만, 물리학적으로는 틀린 이론이 됩니다.

이 사례는 물리학의 본질과 깊이 관련된 문제입니다. 뉴턴의 법칙은 유클리드 기하학으로 이 세계의 공간을 기술할 수 있다고 가정했습니다. 유클리드 기하학이 아니라 비유클리드 기하학을 기반으로 한 이론이 바로 아인슈타인의 일반상대성이론입니다. 일반상대성이론은 뉴턴의 법칙과 모순되는 많은 관측 사례를 효과적으로 설명합니다. 그렇다고 해서 뉴턴의 법칙이 틀렸다는 게 아니라 이 세계를 실재에 가깝게 기술하는 하나의 이론에 지나지 않음을 잘 보여주는 예입니다.

일반상대성이론도 100년 이상에 걸친 다양한 검증을 통해 그 정확성이 입증되었지만, 훗날 일반상대성이론 역시 세계를 정확하다기보다는 실재에 가깝게 기술하는 이론이었다는 것이 밝혀질 수도 있습니다.

따라서 수학과 다르게 세계를 지배하는 절대적인 법칙이 과연 존재하는지, 존재한다 하더라도 우리가 이 법칙을 이해하고 표현하는 이론이 세계를 정확하게 기술하는지, 그저 유사하게 기술한 것에 불과한지 여부는 자연과학에서 매우 복잡한 문제입니다. 그러나 이에 대한 명확한 답을 찾는 것 자체가 쉽지 않아서 이러한 문제에 대해 깊이 고민하지는 않고 있답니다.

법칙은 우주 어디에 숨어 있을까

같은 맥락에서 제가 항상 고민하는 질문 중 하나는 '법칙이 세계를 지배하고 있다면, 그 법칙은 어디에 어떤 형태로 존재하고 있을까?'입니다. 이 질문에는 답이 없을뿐더러 질문 자체가 의미 없을 수도 있지만, 저의 생각을 밝혀보고자 합니다.

이와 비슷한 예로 우리의 마음이나 의식을 들 수 있습니다. 의식의 존재 자체는 많은 사람이 동의할 겁니다. 그러나 의식이 어디에 어떤 형태로 존재하고 있는지 물으면 답하기 어렵죠. 의식은 '있을 것 같기도 하고 없을 것 같기도 하지만 결국은 있는 것'(도다야마 가즈히사 지음,《과학으로 풀어낸 철학입문》)의 한 예입니다. 이것이 르네 데카르트의 '나는 생각한다. 고로 존재한다'와 같이 심오해 보이지만 당연해 보이는, 그러나 깊은 의미를 담고 있는 표현이 자주 인용되는 이유라고 생각합니다.

왜 의식이 존재하고 구체적으로 어떤 부분이 의식과 연관되는지는 모르겠지만, 대략 뇌 속 약 1,000억 개의 신경세포가 형성하는 네

트워크 전체가 의식을 만들어낸다고 볼 수 있습니다. 직설적으로 말해 의식은 뇌에 존재하죠. 의식은 어떤 한 사람의 행동을 지배하지만 타인의 행동에는 영향을 주지 않습니다.

반면 물리법칙은 인간뿐만 아니라 모든 존재에 적용되는 보편적인 특성을 갖습니다. 따라서 법칙은 우리 뇌 속 어딘가와 같은 특정한 장소에 존재하는 것은 아닙니다. 또한 원자 같은 물질의 기본 단위조차 법칙을 따르는 것을 보면 법칙이 각각의 원자에 구체적으로 새겨져 있는 것도 아닙니다. 즉 법칙은 특정한 물질에 속해 있는 것이 아니라 우리가 사는 세계 전체에 공통으로 적용되어야 합니다. 만약 법칙이 우리가 쉽게 접근할 수 없는 어떤 신성한 장소에 숨어 있다면, 우리가 따르는 것조차 불가능하겠죠. 법칙은 우리가 언제 어디서나 즉시 확인하고 활용할 수 있어야 합니다.

이런 상황이 가능할까요? 물질과 독립된 우주와 시간, 공간이 존재한다고 가정할 때 법칙은 그 모든 곳에 고루 존재해야 합니다. 그러나 물리학자 사이에서는 시간과 공간 자체가 물리법칙의 산물이라는 견해가 일반적입니다. 이 가정이 사실이라면 우리는 닭이 먼저인지, 달걀이 먼저인지와 같은 딜레마에 직면하게 됩니다. 우주가 법칙을 만들었는지 아니면 법칙이 우주를 만든 것인지에 대한 근본적인 질문이지요.

이렇게 복잡한 주제인 법칙이 어디에 존재하는가에 대한 확실한 해답은 아무도 모릅니다. 알 필요가 없거나 굳이 물어볼 필요가 없는 문제일 수도 있죠. 그러나 우리 우주와 다른 법칙을 가진 또 다른 우주가 존재한다면 이 문제는 갑자기 핵심적이면서 중요한 문제로 변해 버립니다. 마지막 장에서 이 흥미로운 주제로 다시 돌아갈 예정이니 지금은 이 질문을 제기하는 선에서 계속 진행하겠습니다.

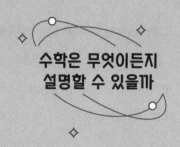

수학은 무엇이든지 설명할 수 있을까

Q.

수학은 인간이 우연히 발견한 질서를 바탕으로 만들어낸 것이라는 관점이 있습니다. 그런데 인간이 우연히 이 우주에 나타나 우연히 만들어낸 개념으로 우주의 모든 것을 설명할 수 있다는 생각은 너무 인간 중심적이지 않나요?

이 책에서 제가 여러분에게 제시하고 싶은 질문입니다. 제 생각에 수학은 인간이 만들어낸 것이 아니라 보편적인 진리의 일부입니다. 아인슈타인이 일반상대성이론을 발명한 것이 아니라 발견했다고 말했듯이, 수학 역시 같은 맥락일 수 있죠.

만약 지구 밖에 지적 생명체가 있다면, 그들도 분명히 미적분이나 일반상대성이론과 같은 수학적·물리학적 원리를 이해하고 있을 것입니다. 이러한 가정은 수학이 지구에서만 우연히 만들어진 것이 아니라 이 우주 모든 곳에 명확히 존재하는 보편적인 원리라는 믿음에서 비롯된 생각입니다.

우주관의 변화: 뉴턴 이론의 발전

3장

고대 철학자들이 상상한 아름다운 우주

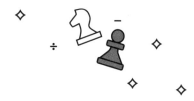

우리가 살고 있는 세계는 어떤 형태일까요? 그 형태의 마지막 경계는 어디일까요? 우리 눈으로 직접 볼 수 없는 먼 우주의 실체는 어떨까요? 누구나 한 번쯤은 고민해보았을 근본적인 질문입니다.

우리가 고지대에 올라 바라볼 수 있는 가장 먼 지점, 즉 지평선이나 수평선까지의 거리는 고작 몇십 킬로미터에 불과합니다. 이러한 사실을 통해 지구는 편평한 면이 아니라 둥근 형태라는 것을 추론할 수 있죠. 심지어 관찰 없이 기하학적 계산만으로 지구의 반지름을 추정할 수 있습니다. 고대 그리스 철학자들은 이미 이런 사실을 잘 알고 있었습니다.

그렇다면 고대 그리스 철학자들이 생각한 지구 밖 세계는 어떤 모습일까요? 태양이 하루 동안 지구를 돌고 있는 것처럼 보이는 현상을 가장 단순하게 설명하는 방법은 태양이 지구 주위를 24시간 주기로 공전한다고 해석하는 것입니다. 당시 지구가 자전하고 있다는 사실을 알아낸 사람들도 있겠지만, 그렇다면 왜 우리가 그 회전력을 느

독일의 천문학자 페트루스 아피아누스가 《코스모그라피아Cosmographia》
(1524년)에 발표한 그림

그림 3.1 아리스토텔레스가 생각한 우주의 모습

끼지 못하는지에 대한 의문도 함께 제기되겠죠.

지구가 우주의 중심에 있으며, 자전은 일어나지 않는다고 여겼을
가능성도 있습니다. 우리 눈에는 지구가 우주의 중심에 있는 모습이
자연스러워 보이니까요. 객관적 사실보다는 미적 감각에 기반한 잘못
된 해석이지만, 아름다움을 통해 진리를 탐구하려는 욕구는 인간 고

유의 특성입니다. 정확한 데이터를 쉽게 얻기 어려운 시대라면 아름다움을 기준으로 세계의 법칙을 찾아내는 방법은 충분히 고개가 끄덕여지죠. 비과학적으로 보이는 연구 방법에 의문이 들 수도 있습니다. 그러나 현대적인 관점에서 과거를 비판하는 것은 때때로 공정하지 않을 수 있고, 현시대를 살고 있는 과학자도 비슷한 실수를 저지를 수 있다는 점을 절대 지나쳐서는 안 됩니다.

결국 이러한 사유의 결과 아리스토텔레스기원전 384~322를 비롯한 그리스 철학자들은 우주의 중심에 움직이지 않는 지구가 자리 잡고 있으며, 그 주변을 다양한 천체가 공전한다고 믿었습니다. 고대 그리스 철학자들의 우주관을 집대성한 프톨레마이오스2세기경의 저서《알마게스트Almagest》는 수세기 동안 중동과 유럽에 깊은 영향을 주었습니다. 지구를 중심으로 하는 천동설의 근본이 되었고, 그림 3.1과 같이 지구를 둘러싼 여러 천체와 천구가 동심원을 이루며 공전한다고 생각했죠.

단테의《신곡》에도 이 같은 우주관이 반영되어 있습니다.《신곡》은 현실 세계의 구조와 종교 그리고 학문 체계 같은 추상적 세계가 긴밀하게 연결된 모습을 담고 있습니다. 이 경우에도 아름다움이라는 가치관이 기본적인 출발점이었죠. 하지만 프톨레마이오스의 우주 모델은 그림 3.1처럼 단순하지만은 않았습니다. 프톨레마이오스는 실제 천체의 운동을 잘 설명하고 예측 가능한 수학적 모델을 제시했지만, 관측 사실과 맞지 않는 부분까지 담으려면 복잡한 모델을 만들 수밖

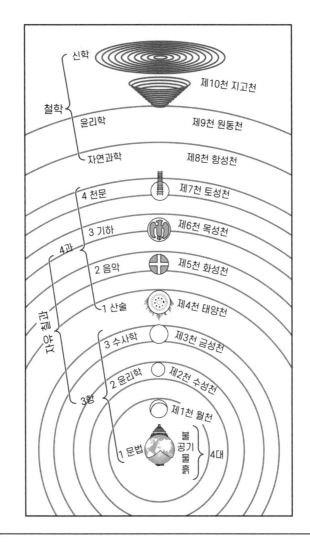

그림 3.2 단테의 《신곡》에서 표현한 세계

에 없었습니다. 프톨레마이오스의 우주 모델에서 지구는 우주의 정중
앙에 있지 않고, 행성들은 지구와 약간 떨어진 지점을 중심으로 공전
하며 천체들은 복합적인 원궤도를 따라 움직인다고 가정했습니다. 결
과적으로 프톨레마이오스의 천체 모델은 전체적인 아름다움이 부족
할 뿐만 아니라 인위적이고 부자연스러운 짜깁기 모델이 되어버렸습
니다.

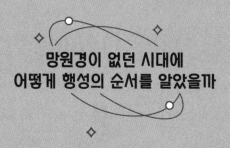

망원경이 없던 시대에
어떻게 행성의 순서를 알았을까

Q.

프톨레마이오스 시대에는 망원경이 없었는데, 어떻게 여러 행성의 존재와 수성, 금성, 화성 같은 순서까지 알고 있었을까요?

1609년 갈릴레오 갈릴레이가 당시 발명된 망원경을 처음으로 천체 관측에 사용했습니다. 이전의 천문학자나 철학자들은 맨눈으로 천체를 관측해야만 했죠. 태양계 내 천체들의 겉보기운동 속도를 바탕으로 지구로부터 가까운 순서대로 달, 수성, 금성, 태양, 화성, 목성, 토성으로 배치되어 있다고 생각했습니다. 그 시대에 맨눈으로 천체를 관측해 이런 결론에 이른 것만으로도 대단한 업적입니다.

맨눈으로 전체 관측이 가능했던 건 옛날에는 지금과는 다르게 밤하늘이 무척 어두웠고, 밤에는 달리 할 일도 없었던 시대라서 별을 관찰하고 사색하는 데 많은 시간을 쓸 수 있었기 때문이죠. 또한 당시 사람들은 눈을 과도하게 사용하는 일도 적었을 것이기에 훨씬 더 좋은 시력을 가졌을 가능성이 큽니다.

우주는 꼭 아름다워야만 할까

니콜라우스 코페르니쿠스는 지나치게 복잡해진 지구 중심의 우주 모델을 넘어선 새로운 모델을 제시했습니다. 그는 '지구는 우주의 중심이 아니며 태양 주변을 도는 여러 천체 중 하나일 뿐'이라는 지동설을 통해 훨씬 간결하고 명료한 우주의 모습을 그려냈습니다.

저는 2007년 영국 에든버러의 왕립천문대에서 열린 우주론에 관한 국제회의를 주관하는 특별한 기회를 갖게 되었습니다. 그때 이곳에서 지동설을 제안한 코페르니쿠스의 위대한 저서 《천체의 회전에 관하여De revolutionibus orbium coelestium》(1543년)를 직접 볼 수 있었지요. 제가 촬영한 책의 한 쪽에는 태양을 중심으로 공전하는 지구와 다른 천체를 묘사한 그림이 있습니다(그림 3.3).

하지만 코페르니쿠스가 제안한 지동설이 당시 천동설과 비교해 우월하다고 단언하기는 어려웠습니다. 수 세기에 걸쳐 만들어진 프톨레마이오스의 우주 모델은 꽤 정교하게 작동했고, 실제로 지동설과 많은 부분에서 유사했습니다. 천동설에서 지동설로의 전환, 일명 '코

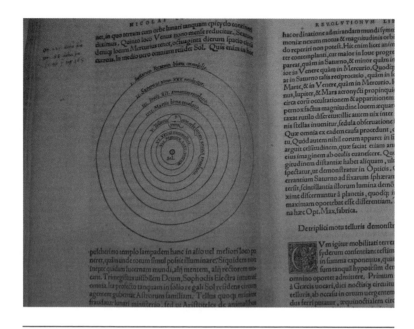

그림 3.3 코페르니쿠스의 《천체의 회전에 관하여》

'페르니쿠스 혁명'이 등장한 이유는 지동설이 더 과학적이어서라기보다는 자연스러움과 아름다움의 가치와 개념이 바뀌었기 때문입니다.

예전에는 지구가 우주의 중심이며, 천체의 원궤도 운행은 자연스럽고 아름답다고 생각했습니다. 이러한 관념은 우주의 다른 모습을 상상하기 어렵도록 만들었죠. 그러나 점차 왜 지구가 우주의 중심이어야 하는지 의문이 제기되면서 기존의 아름다움에 대한 생각도 변하기 시작했습니다. 비슷하게 원궤도가 타원궤도보다 아름답다는 주장도 처음에는 매력적으로 보였지만, 왜 반드시 원궤도여야만 하는지 이유를 고민하게 되면서 그 설득력은 희미해졌습니다.

케플러가 관측으로 행성이 원궤도가 아닌 타원궤도를 따라 움직인다는 사실을 발견하고(그림 2.1) 이후 뉴턴이 이를 수학적으로 증명한 것은(그림 2.2) 코페르니쿠스가 세상을 떠난 뒤의 일이었습니다. 따라서 코페르니쿠스 시대에는 지동설과 천동설 중 어느 것이 옳은지 명확하지 않았고, 당시 가치관에 의존해 판단했습니다. 갈릴레오 갈릴레이가 지동설을 옹호하여 가톨릭교회로부터 이단으로 낙인찍혀 유죄판결을 받은 이유입니다. 로마 교황이 갈릴레이의 재판이 잘못되었다고 인정한 것은 그가 유죄판결을 받은 지 무려 350년 후인 1992년입니다.

뉴턴이 행성은 태양을 중심으로 하는 타원궤도에서 운동한다는 사실을 증명하자 원궤도가 아름답다는 믿음은 무너졌습니다. 이제 원궤도가 타원궤도보다 더 아름답다고 여기는 과학자는 없습니다. 또한 태양이 우주의 중심이라는 생각도 오해입니다. 태양은 단지 태양계의 (거의) 중심일 뿐이며, 태양계와 우주는 규모 면에서 완전히 다른 차원의 존재이기 때문이죠.

현대에 지동설을 인정하는 이유는 정밀한 관측 데이터를 바탕으로 천체의 움직임을 효과적으로 설명할 수 있기 때문입니다. 천동설에 더 복잡하고 기이한 가정을 추가한다면 실제 관측 시설과 모순되는 천체 운동을 설명할 수는 있습니다. 이를테면 화성의 역행 운동 같

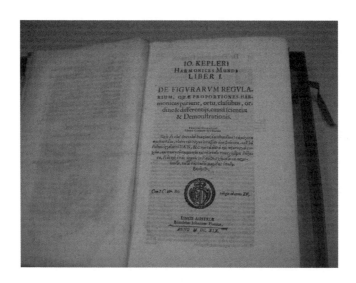

케플러《우주의 조화Harmonices Mundi》(1619년)

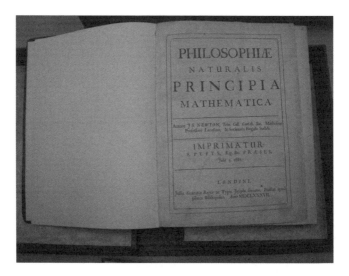

뉴턴《프린키피아Philosophiae naturalis principia mathematica》(1687년)

그림 3.4 케플러와 뉴턴의 저서

은 불규칙한 위치 변화를 설명하기 위해서 매우 복잡한 궤도를 그린 여러 개의 주전원이 있고, 모든 물체가 원운동을 한다는 가정입니다. 그러나 사실도 아닐 뿐더러 이러한 인위적인 가정은 부자연스럽고 아름답지도 않죠. 우주가 법칙의 지배를 받는다는 것은 복잡한 설명과 인위적인 가정 없이도 단순한 법칙만으로 모든 것을 자연스럽게 설명할 수 있다는 의미입니다.

뉴턴의 법칙이
틀릴 리 없다는 확신

그림 3.1과 그림 3.2에도 나타나 있듯이, 태양계의 행성 중에서 수성, 금성, 지구, 화성, 목성, 토성은 고대부터 잘 알려진 천체입니다. 1700년대부터 1900년대에 발견된 천왕성, 해왕성, 명왕성(현재는 왜행성으로 분류)은 누가 발견했는지도 알려져 있습니다.

1781년 영국의 천문학자 윌리엄 허셜1738~1822이 망원경을 이용해 천왕성을 발견했습니다. 이후 과학자들이 천왕성의 궤도를 정밀 관측한 결과 뉴턴의 법칙과 어긋나는 약간의 모순이 발견되었습니다. 이 모순을 설명할 수 있는 가설은 두 가지였죠. 하나는 뉴턴의 법칙이 완벽하지 않다는 것이고, 다른 하나는 천왕성 바깥에 미지의 행성이 있어서 그 행성의 중력의 영향으로 천왕성 궤도에 변화가 생겼다는 가설이었습니다.

프랑스의 천문학자 위르뱅 르베리에1811~1877와 영국의 천문학자 존 카우치 애덤스1819~1892는 당시 천재로 인정받았던 뉴턴의 법칙이 틀릴 리 없다고 생각했습니다. 두 과학자는 각각 뉴턴의 법칙을 기반

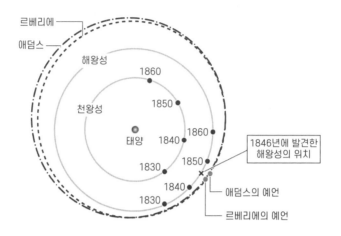

가장 안쪽 원궤도 위의 1830, 1840, 1850, 1860은 그해 천왕성의 위치를 나타냅니다. 애덤스와 르베리에는 태양, 수성, 금성, 지구, 화성, 목성, 토성의 영향을 고려했을 때, 1846년까지의 천왕성 궤도가 관측값과 일치하려면 그 바깥에 미지의 행성이 존재해야 한다고 생각해 1846년에 그 행성이 존재하는 위치를 예측했습니다. 그들의 예측은 그 후 발견된 해왕성의 위치와 매우 잘 맞아떨어졌습니다.

그림 3.5 애덤스와 르베리에가 예언한 천왕성 바깥 행성의 궤도

으로 천왕성의 궤도가 뉴턴의 이론적 계산과 맞지 않는 이유를 설명할 수 있는 미지의 행성이 존재한다고 예측했습니다.

르베리에의 예측을 바탕으로 1846년 독일의 천문학자 요한 고트프리트 갈레1812~1910가 해왕성을 발견했을 때, 해왕성의 실제 위치는 르베리에의 예상에서 겨우 0.9도, 애덤스의 예상에서는 2.5도 정도만

벗어난 곳이었습니다(그림 3.5).

이 놀라운 발견은 뉴턴의 법칙이 얼마나 정확한지를 강력하게 입증하는 증거가 되었습니다. 다시 말해 태양계 내 천체들이 법칙을 엄밀히 따르고 있음을 보여주는 관측 증거가 되었죠. 이로써 우주에서 천체의 운동은 수학 방정식에 의해 지배되고 있다는 사실이 명확하게 드러났습니다.

상상 속 행성 벌컨

위르뱅 르베리에는 태양계 내 행성들의 궤도 안정성에 대해 깊이 연구했습니다. 1841년에는 수성의 궤도를 정밀하게 계산했고, 이를 통해 1845년에 수성이 태양 앞을 지나가는 시간을 불과 16초의 오차로 예측하는 놀라운 성과를 이루었죠. 하지만 놀라운 연구 결과에도 불구하고 르베리에는 그 정확도에 만족하지 못해 결국 연구 결과를 발표하지 않았습니다. 르베리에의 엄격한 연구 태도가 느껴지는 대목입니다.

이후 르베리에는 천왕성, 즉 당시 태양계에서 가장 바깥에 위치한 것으로 알려진 행성의 궤도를 계산하는 데 몰두했습니다. 르베리에의 연구는 앞서 언급한 해왕성의 발견으로 이어졌죠. 이러한 엄청난 성공에 힘입어 르베리에는 다시금 수성의 궤도에 관한 연구를 시작했습니다. 1859년, 그는 1697년부터 1848년 사이에 태양을 통과하는 수성의 시각에 관한 14회의 관측 데이터를 이용해 수성의 타원궤도가 100년 동안 약 565초만큼 추가로 회전한다는 중요한 사실을 발견했습니다. 이 현상은 '수성의 근일점 이동'으로 알려져 있습니다(그림 3.6). 근일점이란 태양의 둘레를 도는 행성이나 혜성의 궤도 위에서 태양에 가장 가까운 점을 말합니다.

'초'라는 단위가 시간을 나타내는 것이 아니라 각도를 나타내는 단위라는 점이 다소 낯설 수도 있습니다. 1도($°$) 안에서 1도의 60분의 1을 1분('), 다시 1분의 60분의 1을 1초(")라고 부릅니다. 그러므로 1초는 3,600분의 1도에 해당합니다. 밤하늘에 떠 있는 보름달의 지름이 약 30'(1800")입니다. 즉 르베리에는 관측을 통해 수성 궤도가 100년 동안 달의 지름의 3분의 1 각도만큼 더 회전한다는 사실을 발견한 겁니다(그림 3.6).

르베리에는 이러한 관측 결과와 별개로 뉴턴의 법칙을 사용해 수성의 근일점 이동에 대한 예측값을 계산했습니다. 계산 결과 수성의 근일점은 100년에 527"(약 0.146°) 이동한다고 나왔습니다. 이는 르베리에가 관측했던 값인 565"와 비교했을 때 38"(약 0.0105°)라는 미세한 차이였죠.

해왕성 발견이라는 대성공을 경험한 르베리에는 뉴턴의 법칙의 오류를 인정하기가 어려웠습니다. 그래서 그는 수성의 궤도 안쪽에 알려지지 않은 행성이 존재하며, 이것이 관측값과 예측값 사이의 불일치를 만들어낸다고 결론지었습니다. 그리고 이 가상의 행성에 로마 신화 속 불의 신인 불카누스Vulcanus에서 따온 벌컨Vulcan이라는 이름을 붙였습니다.

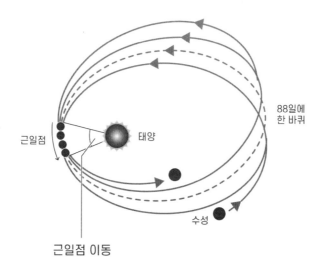

근일점 이동

100년에 0.1597°만큼 이동(관측값)=0.14778°(뉴턴의 법칙 결과)+0.012°(일반상대성이론으로 보정)

수성은 태양 주변을 타원궤도로 돌며 88일 주기로 운행합니다. 이 타원궤도에서 태양에 가장 가까운 지점을 '근일점'이라고 부릅니다. 만약 다른 행성들이 없다면 이 근일점의 위치는 변하지 않고 일정하게 유지됩니다(그림의 점선 궤도). 그러나 실제로는 다른 행성들의 중력으로 인해 근일점의 위치가 약간씩 이동하게 됩니다. 하지만 이러한 중력의 영향만으로는 관측 데이터를 완전히 설명하기 어려웠습니다. 르베리에는 1859년에 수성 궤도 안쪽에 미지의 행성인 벌컨이 존재한다는 가정을 세우고 뉴턴의 법칙을 이용해 이 현상을 설명하려 했지만, 결국 이 문제는 1916년 아인슈타인의 일반상대성이론을 통해 완전히 해결되었습니다.

그림 3.6 수성의 근일점 이동에 관한 개략적 내용

1859년 르베리에가 벌컨 가설을 발표한 직후 프랑스의 아마추어 천문학자 에드몽 레스카보는 태양 면을 통과하는 미지의 행성을 발견했다고 보고했습니다. 르베리에는 레스카보의 관측 결과를 바탕으로 벌컨이 실제로 확인되었다고 발표했죠. 이를 인정받아 1860년에 레스카보는 나폴레옹 3세로부터 프랑스 명예훈장인 레지옹 도뇌르 훈장을 받았습니다.

르베리에가 해왕성 발견에 이어 세기의 또 다른 대발견을 한 듯하자 뉴턴의 법칙의 위대함이 다시 한번 입증된 것처럼 보였습니다. 그러나 이후 관측에서는 레스카보의 발견을 확인할 수 없었고, 결국 레스카보의 관측 보고는 오류로 판명되었죠. 그럼에도 르베리에는 1877년 생을 마감할 때까지 벌컨이 실제로 존재하며 결국에는 발견될 것이라 믿었다고 합니다.

미국의 천문학자 사이먼 뉴컴[1835~1909]은 1895년, 벌컨 관측에 필요한 모든 관측 자료를 업데이트한 뒤 르베리에의 계산을 재검토했습니다. 뉴컴의 검토 결과 수성의 근일점 이동 관측값은 100년마다 약 $575''$(약 $0.1597°$), 뉴턴의 법칙에 의한 예측값은 $532''$(약 $0.147°$)로 나타났습니다. 이에 따라 두 값 사이의 차이는 $43''$(약 $0.012°$)로 결론 났고요. 이 결과는 그림 3.6과 같이 최신 연구 결과와 매우 유사합니다.

당시에는 이미 많은 사람이 벌컨 가설에 의문을 품고 있었기 때문에 한 세기에 $43''$에 달하는 근일점 이동의 차이는 큰 미스터리로 남아 있었죠. 일반적으로 이 정도의 작은 차이는 관측 오차로 여겨 크게 문제 삼지 않을 수도 있습니다. 그러나 뉴컴은 이 차이가 단순한 관측 오차가 아니라 뉴턴의 법칙 자체에 어떤 문제가 있을 수 있다고 생각했던 것으로 보입니다.

뉴컴은 중력에 관한 뉴턴의 법칙에 대한 대안적 해석을 제시하기도 했습니다. 예를 들어 두 물체 사이의 중력이 뉴턴의 법칙에서 제시하는 것처럼 거리의 제곱에 반비례하는 것이 아니라, 조금 더 복잡한 2.00000016의 제곱에 반비례한다면 수성의 근일점 이동에서 발생하는 차이를 해결할 수 있다고 제안했습니다. 그러나 이러한 제안은 매우 인위적이어서 물리학의 아름다움과는 거리가 멀다는 비판을 받기도 했죠. 이 문제는 1916년 아인슈타인의 일반상대성이론을 통해 더 '자연스럽고' 더 '아름답게' 설명할 수 있게 되었습니다.

뉴턴의 법칙이 설명하는
우주의 운동

수성의 근일점 이동에 다른 행성들이 주는 영향을 뉴턴의 법칙으로 계산하면, 금성 276.38″, 지구 91.41″, 해왕성 0.04″ 등으로 모두 합쳐 532″(약 0.147°)가 됩니다. 이는 실제 관측값의 약 93퍼센트만을 뉴턴의 법칙으로 설명할 수 있다는 것을 의미합니다.

저는 일반상대성이론을 강의할 때마다 뉴턴의 법칙이 틀렸다는 주장에 대해 언제나 신중하게 접근해야 한다고 이야기합니다. 실제로 천문학을 제외한 대부분의 분야에서는 일반상대성이론 없이 뉴턴의 법칙만으로 충분히 신뢰할 만한 결과를 얻을 수 있기 때문입니다. 뉴턴의 법칙은 물리학에서 매우 높은 완성도를 지닌 법칙입니다.

물리학은 기존에 알려진 물리법칙을 더 뛰어난 것으로 갱신해나가는 과정입니다. 이 세계를 우리가 수학으로 기술할 수 있는 물리법칙으로 엄밀하게 표현할 수 있는지는 아직 확실하지 않지만, 뉴턴의 법칙과 일반상대성이론은 물리학 발전 과정의 한 사례입니다.

일반상대성이론이 등장하기 전 상황은 물리학, 나아가 과학 전반에 적용되는 중요한 교훈을 알려줍니다. 이미 알려진 물리법칙이 관측이나 실험 결과와 모순될 때 고려할 수 있는 가능성은 다음과 같습니다.

◇ 이미 알고 있는 물리법칙은 정확하며 우리가 아직 모르는 새로운 요소가 존재한다.

◇ 이미 알고 있는 물리법칙에 미흡한 부분이 있다.

◇ 우주를 물리법칙(수학)으로 완전히 기술할 수 없다는 근본적인 한계가 있다.

해왕성의 발견은 첫 번째 가능성의 성공적인 사례이나 벌컨 가설은 첫 번째 가능성의 실패 사례입니다. 중력의 역제곱 법칙을 2.00000016의 역제곱 법칙으로 수정하자는 뉴컴의 제안은 두 번째 가능성에 속합니다. 만약 일반상대성이론이 발견되지 않았다면 수정된 중력 모델이 두 번째 가능성의 성공 사례가 되었겠지만, 이 같은 인위적인 수정은 과학의 아름다움과 거리가 멀다는 비판을 받을 수 있습니다.

연구자들은 더 깊이 파고들어 보다 아름다운 물리법칙을 찾기 위해 노력했을 것입니다. 만일 기존의 법칙이나 이론이 계속해서 실패한다면 일부 연구자들은 세 번째 가능성, 즉 물리법칙으로 우주를 완전히 기술하는 것에 대한 회의론에 빠질 수도 있었겠지요.

일반상대성이론은 기존의 물리법칙에 대한 깊은 고찰에서 생겨났고, 그 아름다움은 누구나 인정할 수 있는 수준입니다. 다시 말해 일반상대성이론은 수성의 근일점 이동 같은 특정 현상을 설명하기 위해 뉴턴의 만유인력 법칙을 수정한 2.00000016의 역제곱 법칙처럼 인위적으로 만든 가설이 아니었습니다.

우리의 지성은 아직 네안데르탈인 수준에 머물러 있을지도 모른다

중력이 왜 존재하는지, 물리학이 모든 관측자에게 일관적이어야 하지 않을까라는 근본적인 의문의 답을 찾아낸 일반상대성이론은, 이러한 복잡한 문제들에 대한 아인슈타인의 논리적 접근에서 비롯되었습니다. 아인슈타인은 우연히 접한 수성의 근일점 이동 문제를 자신이 발견한 일반상대성이론으로 해결했을 때, 뉴턴의 법칙으로는 설명할 수 없었던 100년에 43″라는 작은 오차를 정확히 설명해낸 것에 크게 기뻐했다고 합니다. 이와 같은 정확한 일치는 결코 우연이 아닙니다. 우주가 얼마나 엄밀한 물리법칙에 따라 움직이는지를 입증하는 강력한 예이죠.

물리학의 발전에는 언제나 불확실한 미래가 담겨 있고, 물리학이 발전해가는 경로도 언제나 명확하거나 보장되어 있지 않습니다. 더욱 근본적인 법칙을 탐구하기 위해 필요한 고도의 실험 기술과 엄청난 연구비가 때때로 인류가 감당할 수 없는 수준에 이를 경우 과학적 발전이 더 이상 이루어지지 않을 수도 있습니다. 또한 인류가 우주의 모든 것을 이해할 수 있는 충분한 지성을 갖추었다는 보장도 없고요.

　네안데르탈인이 일반상대성이론을 이해할 수 없는 것처럼, 궁극적인 물리학을 완전히 이해하기 위한 우리 인류의 지성도 현재는 네안데르탈인과 유사한 수준에 머물러 있는지 모릅니다. 이 주제는 마지막 장에서 더 깊이 다룰 예정이므로 이 정도로 마무리 짓겠습니다.

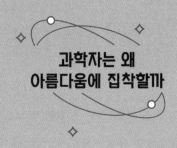

과학자는 왜
아름다움에 집착할까

Q.

천문학자들이 어떤 행성의 궤도가 100년에 몇 초(″) 어긋난다와 같이 극히 미세한 차이에 주목하고, 그 작은 것에서 의미를 찾아내는 이유는 무엇일까요?

과학자들이 하는 노력의 핵심은 인간의 근본적인 호기심과 탐구심에 있다고 생각합니다. 사람들이 어떤 의문에 매료되는가는 개인마다 다르겠지만, 옛 철학자들(현대의 과학자들)은 이 세상의 원리를 최대한 깊이 이해하고자 하는 강한 지적 호기심을 가졌습니다. 이 같은 지적 호기심은 요즘도 여전히 존재하죠. 많은 과학자가 기존 이론을 철저히 분석하고, 그 속에서 약한 연결고리를 찾아내는 데 열정을 바치고 있습니다.

실제로 세계관을 바꾸는 발견은 재능과 행운이 함께하는 소수의 사람에게만 주어집니다. 그러나 대단한 성공과는 무관하게 많은 과학자가 순수하게 연구 자체에서 기쁨을 찾습니다. 이는 결국 인간이 타고난 호기심에서 비롯된다고 생각합니다.

Q.

프톨레마이오스 시대부터 현대에 이르기까지 '아름다움이 없으면 법칙이 아니다'라는 강한 신념이 과학자들 사이에 존재하는 것 같습니다.

그렇습니다. 과학사를 통틀어 아름다움에 대한 추구는 과학적 사고의 중요한 부분이었습니다. 옛 철학자들의 사고방식이 현대적 관점에서 항상 옳다고 할 수는 없지만, 아름다움에 대한 강조가 진실 탐구의 길잡이 역할을 해온 것은 분명합니다. 아름다움이라는 개념이 절대적인 것은 아닐지라도 이를 추구하는 태도는 과학의 발전에 중요한 원동력이었으며, 앞으로도 그럴 것이라고 믿습니다.

Q.

왜 일반상대성이론이 마치 모든 것을 해결하는 만능처럼 보일까요? 과학의 선구자들이 해결하지 못했던 많은 문제를 해결하는 이론 같습니다.

과학은 선인들의 발견과 이론을 바탕으로 새롭고 더 정교한 이론으로 끊임없이 진화합니다. 뉴턴은 이런 과학의 진보적 특성을 '거인의 어깨 위에 올라서다'라고 표현했습니다. 일반상대성이론도 뉴턴의 법칙을 바탕으로 발전했고, 뉴턴의 법칙은 케플러, 코페르니쿠스, 프톨레마이오스, 아리스토텔레스 등 이전의 학자들이 발견한 세계관에 기초를 두고 있습니다. 과학은 이처럼 과거의 지식 위에 새로운 지식을 쌓아 올리는 과정에서 발전하며, 거인의 어깨 위에 올라서서 발전해나가죠.
일반상대성이론이 전지전능하지는 않습니다. 과학의 최전선에서는 과거의 성공과 실패가 모두 상호작용하여 새로운 발견이 되고, 현재의 지식으로 만들어집니다.

행성 X와 명왕성

지금은 왜행성으로 강등되었지만, 퍼시벌 로웰1855~1916의 명왕성 발견에 대한 일화는 태양계 탐사 역사에서 매우 흥미롭고 중요한 의미를 담고 있습니다.

로웰은 미국의 부유한 가정에서 태어났습니다. 당시 이탈리아 천문학자 조반니 스키아파렐리1835~1910가 화성 표면에 가늘고 긴 무늬들이 파여 있다는 연구 결과를 발표했는데, 영어로 번역되는 과정에서 그 무늬가 운하로 바뀌어버립니다. 게다가 화성에 운하를 건설할 수 있는 지적 생명체가 살고 있다는 뜻으로 잘못 해석되었죠. 이로 인해 화성에 관심을 가지기 시작한 로웰은 1894년, 사재를 털어 애리조나주에 로웰천문대를 설립하여 화성 연구와 관측을 진행했습니다. 그는 로웰천문대에서 관측한 자료를 바탕으로 화성인과 운하가 존재한다는 여러 저서를 출간했습니다. 그러나 로웰이 관측했다고 주장한 화성 표면의 운하는 사실이 아니라고 밝혀졌습니다.

로웰은 1905년부터 1916년까지 태양계에서 해왕성을 넘어 제9의 행성을 찾는 탐사를 진행했습니다. 로웰은 천왕성과 해왕성의 궤도 관측 데이터가 뉴턴의 법칙과 일치하지 않는다고 생각했고, 이것이 해왕성 밖 알려지지 않은 행성 X의 존재를 의미한다고 믿었습니다.

행성 X의 위치를 계산한 엘리자베스 윌리엄스1879~1981는 로웰이 고용한 컴퓨터 팀의 리더였습니다. 당시 '컴퓨터'라는 용어는 현재 우리가 널리 사용하고 있는 컴퓨터가 아닌 계산을 수행하는 사람을 의미했지요. 하지만 윌리엄스의 계산에도 불구하고 로웰은 그의 생전에 미지의 행성을 발견하지 못했습니다.

로웰천문대의 대장이 된 베스토 슬라이퍼1875~1969는 1926년부터 행성 X 탐사 프로젝트를 이어받았습니다. 그리고 마침내 1930년 미국의 천문학자 클라이드 톰보1906~1997가 예측한 위치 부근에서 행성 X를 발견합니다.

새로운 행성 X는 로웰천문대 구성원들이 투표를 통해 플루토Pluto라고 이름 짓습니다. 플루토는 로웰천문대의 창립자인 퍼시벌 로웰의 이니셜인 PL을 포함하기 위해 지었다는 이야기도 있죠. 플루토는 로마 신화 속 사후 세계를 관장하는 신의 이름에서 따왔습니다. 일본에서는 중학교 영어 선생님이었던 노지리 호에이가 '명왕성'으로 번역한 용어를 제안했고, 한국을 비롯한 동아시아에서 널리 사용되고 있습니다.

이 이야기만 들으면 명왕성의 발견이 해왕성의 발견처럼 뉴턴 법칙의 위대함을 입증하는 사례처럼 보입니다. 하지만 후속 관측에서 명왕성의 질량이 로웰이 예상한 행성 X의 질량보다 훨씬 작다는 사실 (지구 질량의 0.2퍼센트)이 밝혀졌습니다. 명왕성은 천왕성과 해왕성의 궤도에 큰 영향을 미칠 만큼 충분한 질량을 가지고 있지 않았기 때문에 로웰이 제안한 행성 X와는 다른 존재임이 명확해졌습니다.

당시 해왕성의 질량은 현재 정밀한 측정값보다 0.5퍼센트 정도 크게 예측했습니다. 초기의 잘못된 예측을 수정하여 다시 계산해보면 천왕성과 해왕성의 궤도는 뉴턴의 법칙으로 완벽하게 설명이 가능합니다. 이는 로웰이 잘못된 데이터를 올바른 뉴턴의 법칙으로 해석하려다가 잘못된 결론, 즉 행성 X가 존재한다는 결론에 도달했음을 의미하죠. 그럼에도 우연히 예측한 위치 근처에서 발견한 행성이 바로 명왕성이었습니다.

명왕성의 발견은 잘못된 데이터로 한 계산이 우연히 새로운 발견으로 이어졌다는 점에서 놀랍고 극적인 결말이 되었지만, 이론과 관측 결과가 일치한다고 해서 그 결과가 반드시 정확하다는 것을 의미하지 않는다는 중요한 교훈을 주고 있습니다.

일반상대성이론은 우주의 질서를
모두 설명할 수 있을까

4장

아인슈타인은 상대성이론을 발명한 것일까, 발견한 것일까

　일반상대성이론은 우주의 거대한 규모, 즉 거시 세계를 설명하는 데 반드시 필요합니다. 반면 미시 세계는 양자역학의 영역에 속하는데, 이 책에서는 양자역학과 관련된 내용은 거의 다루지 않습니다. 그러나 우주의 탄생 초기 상태에서는 양자역학이 중요한 역할을 했습니다. 우주의 탄생과 형성 과정을 이해하기 위해서는 일반상대성이론과 양자역학의 통합이 필요합니다. 이는 궁극의 이론으로 불리는, '양자중력'이라는 새로운 개념의 물리학입니다.

　이 책에서는 주로 우주와 물리법칙의 관계를 탐구하는데, 일반상대성이론에 중점을 두고 있습니다. 구체적으로 4장에서는 휘어진 공간과 팽창하는 우주를 다루고, 5장에서는 우주 마이크로파 배경복사(우주배경복사), 6장에서는 블랙홀과 중력파에 관해 설명할 예정입니다.

　그렇다고 이 책을 읽을 때 일반상대성이론의 핵심을 이루는 아인슈타인 방정식(그림 2.3)에 대해 깊이 이해할 필요는 없습니다. 아인슈타인 방정식을 마치 세계의 움직임을 설명하는 마법 같은 공식이라 여기며, 때때로 방정식을 반복해서 살펴보는 것만으로 점차 그 의미와 중요성에 익숙해지고 친근감을 느끼게 될 테니까요.

이제 아인슈타인이 상대성이론의 방정식을 '발명'한 것이 아니라 '발견'한 것이라는 주장으로 다시 돌아가겠습니다. 인류의 등장 이전부터 이 세계가 물리법칙에 따라 움직여왔다는 사실은 아주 명백합니다. 천문학자들이 수성의 근일점 이동 현상을 발견했지만, 발견 여부와 상관없이 수성은 이미 그러한 운동을 계속하고 있었죠.

물리법칙도 마찬가지입니다. 관측을 통해 이미 존재하고 있던 사실을 발견하는 것에 불과하죠. 물리법칙이 어디에 새겨져 있는지 알 수 없지만, 아인슈타인이 일반상대성이론을 만든 것이 아니라는 점은 분명합니다. 세계가 물리법칙을 따르고 있다는 것을 아인슈타인이 일반상대성이론을 통해 발견한 것이지, 아인슈타인이 발명한 이후에 세계가 일반상대성이론을 따른 것은 아니니까요. 일반상대성이론은 아인슈타인이나 인류의 존재와 무관하게 이미 이 세계 어딘가에 존재했을 것입니다. 마찬가지로 지금까지 다양한 물리법칙이 인류에 의해 발견되었고 앞으로도 계속 발견되겠죠.

이러한 사실은 중요한 과학적 발견이 거의 동시에 서로 독립적인 사람들에 의해 이루어지는 역사적 사실로도 뒷받침됩니다. 예를 들어 뉴턴은 운동법칙을 기술하기 위해 미적분학을 발견했고, 거의 동시에 독일의 수학자이자 물리학자 고트프리트 라이프니츠1646~1716도 미적분학을 발견했습니다.

또한 네덜란드의 이론물리학자 헨드릭 로런츠1853~1928가 1904년에 발표한 논문은 아인슈타인이 1905년 발표한 특수상대성이론을 뒷받침하는 중요한 기반이 되었습니다. 특수상대성이론의 핵심이 되는 중요한 공식이 '로런츠 변환'이라고 불리는 이유이기도 하죠. 독일의 위대한 수학자 다비트 힐베르트1862~1943도 아인슈타인과 거의 동시에 일반상대성이론의 기초 방정식을 발표했습니다.

아인슈타인은 힐베르트가 자신보다 먼저 결과를 발표할까 봐 초조해하며 빠른 속도로 작업을 진행했습니다. 어쩌면 아인슈타인 방정식이 힐베르트 방정식으로 불렸을지도 모릅니다.

이러한 사례들은 세계를 기술하는 물리법칙이 개인이 발명한 것이 아니라 발견을 기다리고 있었던 것임을 보여줍니다. 해당 법칙을 최초로 발견한 사람은 뉴턴과 아인슈타인이었지만, 그들이 없었다고 해도 언젠가 다른 누군가가 틀림없이 이러한 법칙을 발견했을 겁니다. 과학적 발견이 개인적인 창의성을 발휘한 결과이기도 하지만, 우주에 이미 존재하는 원리들을 인간이 발견해나가는 과정의 일부라는 것을 알려줍니다.

수학, 세계를 기술하는 언어

    물리법칙의 아름다움과 그 심미적 가치는 아인슈타인이 일반상대성이론을 발견하는 과정에서 중요한 역할을 했습니다. 뉴턴의 법칙을 기술하는 방정식(그림 2.2)은 특정 조건을 만족하는 좌표계에서만 성립하는데, 아인슈타인은 이를 부자연스럽다고 생각했습니다. 그래서 아인슈타인은 모든 좌표계에서 성립하는 방정식을 찾으려고 했지요.

    이러한 아인슈타인의 생각을 수학적으로 표현하기 위해선 피타고라스의 정리(직각삼각형에서 빗변 길이의 제곱의 값은 나머지 두 변의 길이를 제곱한 값의 합과 같다)가 성립하는 전통적인 유클리드 기하학을 넘어 휘어진 공간이라는 개념을 도입해야 했습니다. 아인슈타인은 수학에 탁월한 재능은 없었지만(물론 상대적인 비교랍니다!), 대학 시절 친구였던 스위스의 수학자 마르셀 그로스만1878~1936으로부터 리만기하학을 배웠습니다. 그리고 이 리만기하학은 일반상대성이론에서 중대한 역할을 하게 됩니다.

물리법칙을 제대로 표현하려면 수학이 정말 중요합니다. 미적분학이나 리만기하학 같은 수학 분야가 없었다면 우리가 알고 있는 물리법칙을 제대로 표현하는 것은 상상할 수조차 없었겠죠. 만약 수학이 자연 세계와 상관없다면 아마 어떤 천재 수학자의 멋진 발명품이라고 생각했을 겁니다. 그래서 수학은 누군가 발명한 게 아니라 자연에서 발견한 것이라고 볼 수 있습니다. 이 사실을 생각해보면 수학이 세계를 설명하는 언어로서 얼마나 대단한 역할을 하는지 새삼 느낄수 있습니다.

일식으로 검증된 일반상대성이론

일반상대성이론은 수성의 근일점 이동 같은 어려운 문제를 해결하는 데 큰 역할을 했습니다. 하지만 아인슈타인을 진정 유명하게 만든 것은 일반상대성이론에 따른 예측, 즉 태양 근처를 지나는 빛의 경로가 휘어지는 현상(그림 4.1)을 실제로 관측한 일이었죠.

이 놀라운 발견을 한 인물은 영국의 아서 에딩턴1882~1944입니다. 에딩턴은 많은 업적을 남긴 유명한 천체물리학자입니다. 에딩턴은 30세에 영국 천문학계에서 가장 권위 있는 케임브리지대학교 플러미안 교수Plumian Professor of Astornamy and Experimental Philosophy로 임명되었고, 그로부터 2년 후인 1914년에는 케임브리지천문대 대장까지 맡게 되었습니다.

1914년부터 1916년 제1차 세계대전이 한창일 때 아인슈타인은 일반상대성이론에 관한 중요한 논문을 발표했습니다. 당시 영국은 독일과 전쟁 중이었지만, 에딩턴은 중립국인 네덜란드에 있는 천문학자의 도움으로 아인슈타인의 논문을 구할 수 있었죠. 적국 출신의 무명학

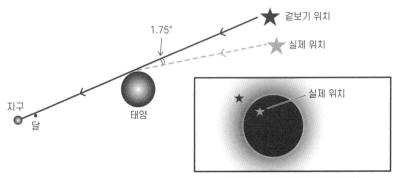

일식 때 지구에서 보이는 별의 위치

일반상대성이론에 따르면, 태양 뒤에 있는 별에서 오는 빛은 태양의 중력 때문에 경로가 휘어집니다. 이론적으로 이 휘어짐은 최대 1.75″에 달합니다. 반면 뉴턴 역학으로 계산하면 이 휘어짐은 약 0.87″로, 반으로 줄어들죠. 평소에는 밝은 태양 때문에 이 별을 관측하기가 어렵지만, 개기일식이 일어나면 태양이 가려져서 별의 위치를 확인할 수 있습니다. 이 그림에는 지구와 달, 태양의 크기와 거리가 정확히 그려지지 않았지만, 개기일식 때 달이 태양을 완전히 가리는 상황을 보여줍니다. 일식이 끝난 후 몇 달이 지나면 지구가 태양 주위를 공전함에 따라 밤에 이 별을 관측할 수 있게 되고, 이때 별의 위치와 일식 때 관측된 위치를 비교해보면 일반상대성이론이 예측한 휘어진 각의 크기가 맞는지 확인할 수 있습니다.

그림 4.1 빛의 휘어짐을 이용한 일반상대성이론 검증

자가 제안한 일반상대성이론은 처음에는 다소 낯설고 수상한 이론이라고 생각되었습니다. 하지만 에딩턴은 이 이론의 중요성을 금방 파악하고, 1917년 영국 왕립천문학회에 빛이 휘어지는 현상을 관측으로 검증하자는 아이디어를 제안했습니다.

당시 그리니치천문대 대장이었던 프랭크 다이슨1868~1939은 1919년 5월 29일에 일어날 개기일식이 아인슈타인의 일반상대성이론을 검증하기에 아주 좋은 기회라고 판단했습니다. 다이슨은 아프리카 근처의 프린시페섬으로 에딩턴을, 브라질의 소브랄이라는 마을로 또 다른 천문학자 앤드류 크로멜린1865~1939을 파견해 독립적으로 관측하겠다는 계획을 세웠습니다. 그러나 1917년 영국에서도 징병이 시작되자 당시 34세였던 에딩턴도 징병 대상이 되었습니다. 옥스퍼드대학교와 케임브리지대학교의 엘리트 사이에서는 국가를 위해 참전하는 것을 당연하다고 생각했지만, 퀘이커 신도였던 에딩턴은 퀘이커 교파의 신조에 따라 양심적 병역거부를 표명하기도 했습니다.

다이슨과 다른 케임브리지대학교의 저명한 학자들은 에딩턴 같은 우수한 학자를 전쟁으로 잃는 것이 영국의 국익에 해가 된다고 영국 내무성에 주장했습니다. 그 결과 1919년 5월 29일이 되기 전에 전쟁이 끝나면 에딩턴이 프린시페섬의 일식 관측대를 인솔한다는 조건으로 병역 연기가 승인되었습니다. 에딩턴이 프린시페섬에서 일식을 관측하기 위해서는 1919년 2월에 영국을 떠나야 했으므로 1918년 11월 독일과의 휴전협정 체결은 아주 시의적절했습니다. 이렇게 해서 에딩턴은 관측을 하러 떠날 수 있었지만, 관측 당일 프린시페섬에는 검은 구름이 끼었습니다. 에딩턴은 구름 사이의 작은 틈으로 겨우 개기일식을 관측할 수 있었죠.

1919년 11월 6일, 에딩턴은 런던에서 열린 회의에서 태양 뒤의 별에서 오는 빛의 휘어진 각이 1.61±0.41″라는 결과를 발표해 일반상대성이론의 정확성을 입증했습니다(그림 4.2). 당시 에딩턴이 얻은 관측 데이터는 질이 낮아서 결과의 신뢰성에 의문이 제기되기도 했습니다. 그러나 이후 진행된 관측을 통해 더욱 확실하게 일반상대성이론의 정확성을 입증했죠. 예를 들어 목성과 그 위성을 이용한 전파 관측에서 빛이 휘어지는 각의 측정값과 일반상대성이론의 예측값 사이의 비율이 0.9999±0.0002로 놀라울 정도로 일치했습니다. 이처럼 측정값과 예측값의 정밀한 일치는 우리 세계가 일반상대성이론의 법칙에 따라 움직이고 있음을 보여줍니다.

상대성이론의 행운

아인슈타인의 이야기에는 더 큰 우연이 숨어 있습니다. 1911년 아인슈타인은 아직 완성되지 않은 일반상대성이론을 부분적으로 사용해 빛이 휘어지는 각이 실제 값의 절반, 즉 뉴턴의 법칙이 예측한 값과 같다는 잘못된 결과를 발표했습니다.

이 결과를 바탕으로 1912년에는 아르헨티나의 일식 관측대가 브라질에서 빛의 휘어짐을 측정할 계획이었으나, 날씨가 나빠서 관측하지 못했습니다. 뒤이어 1914년에는 독일이 크림반도에 일식 관측대를 보냈지만, 제1차 세계대전이 발발하면서 관측을 진행할 수 없었습니다.

만약 이 관측이 실제로 이루어졌다면 1911년에 아인슈타인이 한 잘못된 예측은 엄청나게 반박을 받았을 겁니다. 그랬다면 일반상대성이론이 올바른 이론으로 인정받는 데 훨씬 더 많은 시간이 걸렸을지도 모르죠. 또한 제1차 세계대전의 휴전협정이 1918년보다 늦어졌다면 에딩턴은 프린시페섬에 일식을 관측하러 갈 수 없었을 것이고, 어

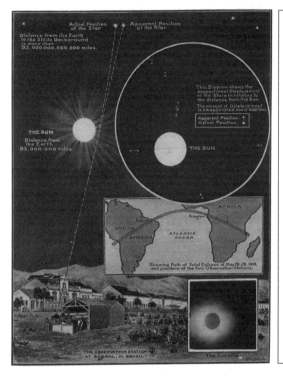

《뉴욕타임스》(1919년 11월 10일, 왼쪽), 《런던뉴스》(1919년 11월 22일, 오른쪽). 일
반상대성이론 자체는 어려워서 일반 사람들이 이해하기 어렵지만, 일식을 이
용해 빛의 휘어짐을 측정하는 실험은 상대적으로 이해하기 쉬웠습니다. 이는
마치 과학 쇼를 보는 듯한 흥미로움을 주었고, 에딩턴의 관측 결과는 전 세계
에 금세 알려졌습니다. 그리고 이 결과는 아인슈타인을 한순간에 세계적으로
유명한 물리학자의 반열에 올려놓았습니다.

그림 4.2 1919년 일식으로 일반상대성이론을 검증했다고 알리는 뉴스

쩌면 전장에서 목숨을 잃었을 수도 있습니다. 그랬다면 일반상대성이론이 이 정도까지 주목받지 못했을지도 모릅니다. 보통 '역사에 만약은 없다'고 말합니다. 어찌 되었든 아인슈타인은 상당히 운이 좋은 사람인 것 같습니다.

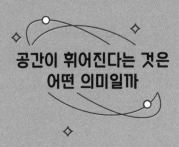

공간이 휘어진다는 것은
어떤 의미일까

Q.

이번에는 일반상대성이론을 중심으로 이야기해서 이전보다 훨씬 어렵게 느껴졌어요. 기본 개념을 다시 설명해주실 수 있나요? 아인슈타인의 이론이 유클리드 기하학을 넘어서는 휘어진 공간에 관한 것이라는 건 알겠는데, 공간이 휘어진다는 개념이 직관적으로 이해되지 않습니다.

어떤 면에서 이해한다는 것은 익숙해지는 과정과도 같아요. '서당개 삼년이면 풍월을 읊는다'는 속담이 있잖아요? 그러니 너무 걱정하지 않아도 됩니다.

일반상대성이론을 이해하기 위해선 2차원 평면(유클리드 기하학의 대표적인 예)과 2차원 구면(비유클리드 기하학의 예)을 비교하는 것이 좋은 출발점입니다. 그림 4.3과 같이 2차원 평면에서는 어떤 두 평행선이라도 서로 교차하지 않고 무한히 뻗어나갑니다. 반면 2차원 구면에서는 상황이 달라지죠. 한 예로 지구의 동서 위치를 나타내는 경도선은 적도에 직각으로 서로 평행하지만, 지구 표면을 따라 계속 연장하면 실제로는 북극이나 남극에서 만나게 됩니다. 반대로 어떤 지점에서 시작한 두 평행선이 구면(2차원 쌍곡면)에서는 점점 멀어져 결국 무한히 멀어질 수도 있습니다.

2차원 평면

평행선은 절대 만나지 않는다

2차원 구면

평행선은 양 극점에서 만난다

2차원 쌍곡면

평행선은 점점 더 멀어진다

그림 4.3 공간의 휘어짐

이러한 예시들이 바로 공간이 휘어질 수 있음을 보여주죠. 2차원의 예를 3차원으로 확장해 상상하는 것은 어렵지만, 일반상대성이론에 따르면 우리가 사는 3차원 공간도 비슷한 방식으로 휘어져 있습니다.

Q.

왜 중력이 있는 곳에서 공간이 휘어지나요?

질량을 가진 물질이 있으면 그 주변의 공간이 휘어지고, 그 휘어진 공간이 중력을 만들어냅니다. 이 개념은 6장에서 더 자세하게 다룰 예정입니다. 그러나 왜 질량이 있는 곳에서 공간이 휘어질까 하는 질문에는 명확하게 답변하기 어렵습니다.

중요한 점은 질량을 가진 물질이 중력을 발생시키고, 이런 현상으로 여러 자연현상을 자연스럽고 아름답게 설명할 수 있다는 것입니다. 이 기하학적 접근을 통해 중력이라는 물리법칙을 설명할 수 있으며, 이를 '물리학의 기하학화'라고 부르기도 합니다. 결국 자연법칙과 수학, 특히 기하학은 서로 매우 밀접한 관계를 가지고 있어요. 정말 신기하지 않나요?

Q.

지구 위에서 우리가 보는 세상도 휘어져 있나요?

네 맞습니다. 그러나 이를 직관적으로 이해하기는 쉽지 않죠. 그림 4.3을 보면 3차원 공간 안에 떠 있는 2차원 면으로 구면이 휘어져 있음을 쉽게 이해할 수 있습니다. 하지만 3차원 공간이 휘어진 것을 직관적으로 이해하려면 4차원 공간을 상상해야 하는데, 대부분 불가능합니다.

그럼에도 공간이 휘어져 있다는 것을 실제로 확인할 수 있습니다. 지구 표면에서 움직이는 개미를 예로 들어보죠. 개미는 자신이 있는 곳의 주변만 인지할 수 있기 때문에 지구가 구형인지 평면인지 모릅니다. 하지만 적도 위에서 각기 다른 경도선을 따라 동시에 북쪽으로 이동하는 두 개미가 결국 북극에서 만난다면, 이를 통해 지구가 구형임을 확인할 수 있습니다. 비슷하게 우주 공간에서 두 물체가 평행하게 움직일 때, 그 사이의 거리가 변한다면 이는 공간이 휘어져 있다는 것을 의미합니다.

따라서 중력이 작용하고, 그 영향을 받아 물체 사이의 거리가 변한다면 중력 때문에 공간이 휘어진다는 뜻이죠. 즉 중력의 존재 자체가 공간이 휘어져 있다는 증거입니다.

이렇게 중력이 존재한다는 사실을 바탕으로 공간이 휘어져 있다고 결론 내릴 수 있으며, 중력의 존재 자체가 공간이 휘어져 있음을 증명하는 데 도움이 됩니다.

아인슈타인 인생 최대의 실수

아인슈타인은 일반상대성이론으로 계산한 결과, 무한한 과거로부터 무한한 미래까지 계속 같은 상태로 있는 정적인 우주는 존재할 수 없으며, 우주는 시간에 따라 필연적으로 변화한다는 사실을 발견했습니다. 지금 우리는 우주가 변화한다는 사실을 당연하게 받아들이지만, 당시 서구 사회에서는 완벽하게 창조된 우주가 시시각각 변화한다는 생각을 받아들이기 어려웠습니다. 이렇게 시간에 따라 우주가 변화한다는 발견은 아인슈타인에게도 고민거리였죠.

이러한 시대적 배경에서 아인슈타인은 우주가 변화한다는 자신의 발견을 사람들이 받아들이기 어려울 것이라는 사실을 깨닫고, 우주가 정적인 상태를 유지할 수 있도록 그림 2.3의 아인슈타인 방정식에 우주상수 Λ(람다)라는 새로운 항을 추가했습니다(그림 4.4.).

그림 4.4를 살펴보면 우주상수 Λ가 0이라고 가정할 경우 원래의 아인슈타인 방정식으로 돌아갑니다. 다시 말해 그림 4.4의 식이 더 일반적인 형태라고 볼 수 있죠. 하지만 아인슈타인은 우주상수 항을 도

입하는 데 깊은 고민에 빠졌습니다. 이 항을 추가해야 하는 명확한 이유가 없었으므로 아인슈타인은 이 우주상수가 일반상대성이론의 아름다움을 훼손하는 것이라고 생각했지요.

그림 4.4의 아인슈타인 방정식 중 두 번째 식을 자세히 보면 Λ의

$$R_{\mu\nu} - \frac{1}{2}Rg_{\mu\nu} + \Lambda g_{\mu\nu} = \frac{8\pi G}{c^4}T_{\mu\nu}$$

$$\Downarrow$$

$$\frac{d^2a}{dt^2} = -\frac{GM}{a^2} + \frac{\Lambda}{3}a$$

1917년 아인슈타인은 시간에 따라 변화하지 않는 정적 우주 모델을 만들기 위해 첫 번째 식인 일반상대성이론의 방정식에 $\Lambda g_{\mu\nu}$항을 추가했습니다. 이렇게 만들어진 식은 우주가 팽창하는 정도를 나타내는 변수 a(스케일 인자, 우주의 크기에 대응하는 정도)의 방정식으로 치환할 수 있는데, 이 식이 두 번째 식입니다. 두 번째 방정식의 좌변은 a의 시간에 따른 두 번의 미분, 즉 우주 팽창 가속도를 의미합니다. 아인슈타인은 우변의 두 항이 상쇄되어 0이 되는 경우가 정적 우주 모델에 해당한다고 생각했습니다.

그러나 허블이 실제로 우주가 팽창하고 있음을 발견한 후 아인슈타인은 우주상수의 도입이 '인생 최대의 실수'라고 인정하고 1931년 이를 철회했습니다. 그럼에도 최근의 관측 데이터는 우주상수 없이는 설명하기 어려운 현상이 있다는 것을 보여줍니다. 현재 천문학자들은 대체로 Λ항의 존재를 받아들이고 있습니다. 아인슈타인이 우주상수를 도입한 이유는 옳지 않았더라도 결과적으로는 그의 예상이 맞았던 것으로 보입니다.

그림 4.4 정적 우주 모델을 만들기 위한 우주상수 Λ항 도입

효과를 이해하는 데 도움이 될 겁니다. 두 번째 식 중 우변의 첫 번째 항은 만유인력의 법칙에 대응하는 것으로, 중력이 인력이라는 것을 의미하는 마이너스(음수) 부호가 앞에 붙어 있습니다.

뉴턴 역학에서는 이 첫 번째 항만 등장합니다. 그 결과 우주의 팽창 가속도에 대응하는 부호는 항상 마이너스가 되어 우주는 팽창하되 팽창하는 속도가 점점 느려진다는 것을 보여주고 있습니다. 하지만 그림 4.4의 두 번째 식에서 우변의 두 번째 항에 있는 Λ값을 적절히 선택하면, 첫 번째 항과 같아지며 우주 팽창 가속도가 0이 될 수 있습니다. 다시 말해 우주의 팽창이 일정하게 유지되는 '정적 우주 모델'이죠. 과거에는 아인슈타인 모델이라고 불렸습니다. 아인슈타인은 우주가 시간이 흘러도 변화하지 않아야 한다는 당시 우주관에 따라 1917년에 이 우주상수 항을 추가하기로 결정했습니다.

1929년 미국의 천문학자 에드윈 허블1889~1953은 멀리 떨어진 은하가 우리로부터 멀어지는 속도와 그 은하까지의 거리가 비례한다는, 중요한 발견이 담긴 논문을 발표했습니다. 이 속도–거리 관계는 일반적으로 '허블의 법칙'으로 알려졌고, 우주가 팽창한다는 중요한 관측 증거로 활용되었습니다.

허블의 발견과 관측 데이터를 통해 우주의 팽창을 확인한 아인슈타인은 1931년에 자신의 논문에서 우주상수의 필요성을 부정하고 이를 철회했습니다. 아인슈타인은 "우주상수 도입은 내 인생 최대의 실수였다"라고 말한 것으로 알려져 있습니다. 이 발언은 아인슈타인조차도 오류를 범할 수 있다는 사실을 상징적으로 보여주며 널리 알려지게 되었죠.

1927년 벨기에의 가톨릭 사제이자 우주론 연구자 조르주 르메트르1894~1966가 허블의 발견보다 2년 앞서 은하의 속도-거리 관계를 아인슈타인 방정식으로부터 찾아냈습니다. 하지만 르메트르의 논문은 프랑스어로 작성된 탓에 상대적으로 덜 유명한 학술지에 게재되어 오랫동안 주목받지 못했습니다. 2018년 국제천문연맹에서는 르메트르가 허블보다 앞서 속도-거리의 비례 관계를 밝혀낸 사실을 인정해 허블의 법칙을 '허블-르메트르 법칙'이라고 변경하기로 결정했습니다.

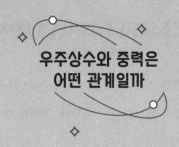

우주상수와 중력은
어떤 관계일까

Q.

우주상수의 의미와 특징에 대해 더 자세히 알고 싶어요. 중력과는 어떤 관계가 있나요?

우주상수는 중력과는 다른 역할을 합니다. 인력이 아닌 척력, 즉 서로를 밀어내는 힘을 발생시키는 성질을 가지고 있죠. 이를 단순화해서 '마이너스 중력'이라고 생각할 수도 있지만 완전히 정확한 표현은 아닙니다.

우주상수의 효과는 매우 미미해서 일상적인 환경에서는 거의 무시할 수 있는 수준입니다. 심지어 현재 기술로는 직접 검출하는 것도 불가능합니다. 하지만 우주에서도 정말 큰 규모에 해당하는 거대 은하단 사이 이상의 수준에서는 우주상수의 영향이 나타날 수 있습니다.

이렇게 거대한 규모에서는 우주상수가 일반적인 물질 사이의 중력을 능가하여 우주 팽창을 가속시키는 중요한 역할을 합니다. 이러한 우주의 가속 팽창 현상은 곧 자세히 설명할 예정입니다.

버려졌던 아인슈타인의
우주상수

우주가 시간에 따라 변화한다는 사실이 널리 받아들여지면서 우주상수 Λ는 이론적으로 더 이상 필요하지 않게 되었습니다. Λ=0, 즉 우주상수가 존재하지 않는다는 것을 증명하기는 어려웠지만 대부분의 우주론 연구자는 오랫동안 그 존재를 무시해왔죠. 그러나 1980년대 말부터 우주 관측 데이터의 질과 양이 대폭 향상되면서 우주상수항의 필요성이 다시 부각되기 시작했습니다.

1990년대 초, 일본의 우주론 이론 연구자들은 우주상수의 존재가 거의 확실하다는 의견을 내놓았습니다. 국제적으로는 미국의 프린스턴대학교와 텍사스대학교, 영국의 케임브리지대학교 등 일부 그룹만이 우주상수의 존재를 지지했고, 대다수 연구자는 우주상수의 존재에 회의적이었죠. 이러한 태도는 아인슈타인이 이론의 아름다움을 중시했던 것과 비슷하게 부자연스러움을 도입하지 않으려는 가치관에 영향을 받은 것으로 보입니다.

1995년 미국 로런스버클리 국립연구소의 솔 펄머터[1959~]가 이끄는 연구 그룹은 멀리 떨어진 초신성을 관측해 우주상수가 존재하지 않는다는 논문을 발표했습니다. 같은 해 일본 교토에서 열린 국제천문연맹총회 심포지엄에서 펄머터가 강연을 한 뒤, 일본의 이론 연구자들은 우주상수가 존재하지 않는다는 펄머터 그룹의 해석이 얼마나 확실한지에 의문을 제기했습니다.

그 후 펄머터 그룹과 하버드대학교의 브라이언 슈미트, 애덤 리스 그룹은 각각 지구에서 50광년 떨어진 초신성을 관측하여 데이터를 수집하고 분석했습니다. 1998년 브라이언 슈미트, 애덤 리스는 관측 결과를 토대로 우주가 팽창하는 속도가 감속이 아니라 가속 중이라는 논문을 발표했습니다. 이 연구 결과는 우주상수가 양의 값을 가지며 그림 4.4 두 번째 식의 우변이 좌변보다 크다는 것을 의미하죠. 이후 추가 관측 데이터가 나오면서 우주상수의 존재는 더욱 확고해졌습니다. 이러한 발견에 대한 공로로 솔 펄머터, 브라이언 슈미트, 애덤 리스는 2011년 노벨 물리학상을 수상했습니다.

당시 상황을 되돌아보면 우주상수가 존재한다는 발견은 연구자들은 어느 정도 예상했던 일이었습니다. 그런데 펄머터가 1995년 논문에서 우주상수의 존재를 부정하자 많은 연구자가 놀라움과 의심을 나타냈습니다. 하지만 1998년 펄머터가 의견을 번복하고 우주상수의 존재를 지지하는 결과를 발표했을 때, 많은 연구자가 '예상했다'고 반응했습니다.

조지 가모가 남긴 일화

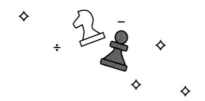

우주상수의 존재와 중요성이 재인식되면서 우주상수에 대한 평가도 바뀌었습니다. 이제 우주상수는 우주를 이해하는 데 없어서는 안 될 중요한 요소가 되었죠. 이러한 변화는 "아인슈타인이 버린 우주상수가 부활했다", "우주상수 도입은 아인슈타인 인생 최대의 실수가 아니었다" 같은 표현을 담아 과학을 해설하는 기사에 자주 언급되었습니다.

우주상수와 관련해 빅뱅 모델을 처음으로 주장한, 러시아계 미국인 천문학자 조지 가모1904~1968의 이야기가 있습니다. 가모의 자서전 《나의 세계선My World Line》(국내에는 《조지 가모브》로 출간되었으나 현재 절판)에는 아인슈타인과 우주론에 대해 대화하던 중 우주상수를 언급한 내용이 있습니다. 이 대화에 아인슈타인이 우주상수 도입을 '인생 최대의 실수'라고 했다는 이야기가 포함되어 있죠. 그런데 아인슈타인의 이 유명한 말이 실제로는 가모의 책에서만 전해진다는 것을 알았을 때 무척이나 놀라웠습니다. 저는 이 사실을 안 뒤 인생 최대의 실수라는 말이 실은 가모의 책을 통해 널리 알려진 것이며, 아인슈타인이 직접 한 말은 아니라는 점을 알렸던 적도 있습니다.

미국의 천체물리학자 마리오 리비오1945~는 자신의 저서 《찬란한 실수Brilliant Blunders》에서 자세한 문헌 조사를 거쳐 아인슈타인이 했다는 인생 최대의 실수라는 말은 가모가 만들어낸 가상의 대화에서 유래되었다고 결론지었습니다. 가모가 농담을 즐겼던 사람으로 유명했기에 아인슈타인의 이 발언 역시 가모의 창작일 가능성이 높다는 것이죠. 그런데 가모와 아인슈타인이 직접 대화했다는 여러 물리학자의 증언을 바탕으로 한 어떤 과학사 논문에 따르면, 이 말은 가모의 창작이 아니라 아인슈타인이 실제로 한 말일 수도 있다고 합니다.

아인슈타인이 우주상수를 어떻게 생각했는지는 여전히 논란이 있지만, 아인슈타인이 우주상수에 큰 매력을 느끼지 못했다는 것은 분명해 보입니다. 그럼에도 현대 우주론에서 우주상수가 중요한 역할을 하고 있다는 사실은 참 아이러니합니다.

복잡한 일반상대성이론의 간단한 핵심

이번 장에서 아인슈타인이 발견한 일반상대성이론과 그것이 예측한 변화하는 우주에 대해 살펴보았습니다. 여기서 도출된 다음과 같은 핵심은 일반상대성이론의 복잡함을 뛰어넘는 간단하고 근본적인 내용입니다.

◇ 물리학의 기본 법칙은 이 세계나 우주 어딘가에 존재한다. 물리학자들은 이러한 법칙을 발명하는 것이 아니라 발견하는 것이다.

◇ 이론물리학자들은 종종 법칙이 아름답다는 신념을 가지고 따르는 경우가 많다. 이 신념이 정말 올바른지 여부는 증명할 수 없지만, 현재까지 알려진 많은 물리법칙은 이러한 신념에 근거하여 발견되었다.

◇ 발견된 법칙을 수학 방정식으로 나타내면 때때로 직관과 다른 결과가 도출될 수 있다. 이런 경우에는 방정식이 아니라 기존

의 직관이 잘못되었을 가능성이 높다. 수학적 결론을 의심하기보다 그것을 믿고 관측과 실험으로 검증하면 새로운 세계관을 발견할 수 있다. 이렇게 발견한 수학 방정식의 해는 우주 어딘가에 실제로 존재하는 것과 대응하고 있을 가능성이 크다.

◇ 물리법칙은 처음 발견한 사람의 이해를 뛰어넘어 깊은 의미를 담고 있다. 그리고 시간이 지남에 따라 다음 세대의 연구자들이 법칙을 서서히 이해하고 발전시킨다. 정확한 이론의 예측은 초기에는 검증하기 어려워 보이더라도 결국 관측이나 실험의 발전을 통해 직접 검증할 수 있다.

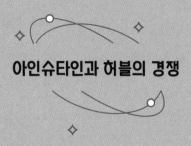

아인슈타인과 허블의 경쟁

Q.

특수상대성이론이란 무엇이고, 일반상대성이론과 어떻게 다른가요?

특수상대성이론은 아인슈타인이 1905년에 제안한 이론으로, 빛의 속도에 근접한 속도로 움직이는 물체의 운동을 설명합니다. 특수상대성이론으로 뉴턴 역학에서 다루지 못하는 고속 운동 현상을 정확하게 설명할 수 있습니다. 하지만 특수상대성이론은 유클리드 기하학을 바탕으로 하는 평탄한 공간에만 적용되므로 곡선을 이루는 공간, 즉 중력의 영향을 받는 공간을 설명하지 못합니다. 아인슈타인은 중력을 포함하는 포괄적 이론인 일반상대성이론을 완성하는 데 그로부터 10년이 더 걸렸습니다.

일반적으로 상대성이론이라고 하면 대부분은 특수상대성이론을 생각합니다. 고등학교 수준의 수학으로도 이해가 가능하기 때문이죠. 반면 물리학자나 우주론, 소립자 이론 연구자 등의 전문가들은 상대성이론이라고 하면 주로 일반상대성이론을 생각합니다.

일반 사람들에게 상대성이론은 특수상대성이론을 의미하고, 특수한 전문가들에게는 일반상대성이론을 의미하는 흥미로운 언어적 대응 관계도 있답니다.

Q.
아인슈타인에게 라이벌이 있었나요? 특히 힐베르트와의 관계가 궁금해요.

다비트 힐베르트는 20세기를 대표하는 위대한 수학자 중 한 명입니다. 그는 수학의 여러 분야에서 놀라운 업적을 남겼는데, 아인슈타인과 비슷한 시기에 일반상대성이론을 수학적으로 정립한 것으로도 잘 알려져 있습니다.

아인슈타인은 물리학적 관점에서 물질 세계의 움직임을 탐구하며 기존 수학을 활용해 특수상대성이론과 일반상대성이론을 발견했습니다. 반면 힐베르트는 순수 수학의 원리에서 출발해 논리적으로 해당 이론들을 유도할 수 있는 방법을 탐색했습니다. 그는 아인슈타인이 특수상대성이론을 발표한 뒤 일반상대성이론을 완성해가는 연구에 큰 관심을 보였습니다.

1912년 힐베르트는 아인슈타인을 자신이 재직 중인 괴팅겐대학교로 초대해 일주일간 강연을 부탁했습니다. 아인슈타인은 힐베르트의 뛰어난 수학적 재능뿐만 아니라 그의 정치적 사상에도 깊은 인상을 받았습니다. 이 만남은 두 학자가 지속적으로 소통하는 계기가 되었고, 아인슈타인과 힐베르트는 서로 독립적으로 일반상대성이론의 (현재 아인슈타인 방정식으로 알려진) 기초 방정식을 발견하기 위한 경쟁을 이어갔습니다.

1915년 아인슈타인은 자신이 일반상대성이론의 정답에 거의 도달했다고 확신했습니다. 하지만 힐베르트가 이미 답을 찾았을 수도 있다는 불안감도 있었죠. 아인슈타인은 자신이 먼저 발견했다는 주장을 내세우기 위해 그동안의 연구 결과를 정리하여 11월 4일 프로이센 과학아카데미에서 발표했습니다. 며칠 뒤 그는 힐베르트에게 연구 결과를 간략히 설명하는 편지를 보내고, '이 결과를 도출하는 데 중요한 변경 사항은 4주 전 본인의 연구에 기반한다'고 강조했습니다.

힐베르트는 일반상대성이론에 관한 자신의 연구 결과를 11월 16일 괴팅겐대학교 세미나에서 발표할 예정이라고 아인슈타인에게 알렸습니다. 또한 아인슈타인에게도 같은 자리에서 발표할 것을 제안하며 자신의 집에 머물러도 된다고 권했습니다. 아인슈타인은 건강 문제를 이유로 이 초대를 거절했지만, 앞으로 나올 연구 결과를 계속 편지로 공유해달라고 부탁했습니다.

아인슈타인은 자신이 발견한 방정식을 이용해 수성의 근일점 이동을 계산했고, 그 결과는 100년당 43"였습니다(그림 3.6 참고). 이 발견에 흥분한 그는 11월 15일 친구에게 이 기쁜 소식을 전하는 편지를 보냈죠. 11월 18일에는 힐베르트에게 '일반상대성이론을 이용해 추가 가정 없이 수성의 근일점 이동을 정량적으로 유도한 논문을 오늘 아카데미에서 발표한다'고 알리는 편지를 보냈습니다.

한편 힐베르트는 11월 20일 괴팅겐 왕립과학아카데미에서 일반상대성이론의 완전한 방정식을 발표했습니다. 이 자리에서 힐베르트는 아인슈타인이 제시한 연구가 출발점임을 인정하면서도 올바른 답을 발견한 것은 자신이라고 은근히 주장했습니다. 아인슈타인이 최종 방정식을 발표한 것은 이로부터 5일 후였죠. 힐베르트는 12월 6일, 자신의 논문을 수정하여 아인슈타인이 일반상대성이론을 먼저 발견했다고 인정했습니다. 이어서 아인슈타인은 12월 20일에 힐베르트에게 둘 사이의 대립을 끝내기 바란다는 짧은 편지를 보냈습니다.

일반상대성이론을 누가 먼저 발견했는지에 관한 이 사건은 아인슈타인과 힐베르트의 경쟁을 보여주는 역사적 사례로, 일반상대성이론의 발견에 대한 권리가 누구에게 있는지는 과학사 연구자들의 전문 분야로 남겨두겠습니다. 다만 이 사례는 물리법칙은 수학으로 기술되며, 이 법칙들은 발명되는 것이 아니라 발견되는 것임을 잘 보여줍니다.

Q.

과학에는 이론이나 법칙을 누가 먼저 발견했는지를 두고 치열한 경쟁이 존재하는군요. 우주가 팽창한다는 사실을 처음 발견한 사람이 허블만이 아니었다는 것도 흥미롭고요.

맞습니다. 112~113쪽에서 언급한 이야기와 관련된 질문이군요. 에드윈 허블은 1929년에 멀리 떨어진 은하의 후퇴 속도가 그 거리에 비례한다는 연구 결과를 발표했습니다. 그런데 이미 1927년 벨기에의 가톨릭 사제이자 우주론 연구자 조르주 르메트르가 같은 발견을 했죠. 르메트르의 논문은 프랑스어로 작성되어 잘 알려지지 않은 저널에 실렸습니다. 그 뒤 이 논문의 영어 번역본이 1931년 영국 왕립천문학회의 월간지에 다시 게재되었습니다.

흥미롭게도 르메트르 논문의 영어 번역본(번역자 미상)에서는 원본인 프랑스어 논문에 있던 '우주의 팽창, 그리고 은하의 속도와 거리의 법칙'에 관계된 수식, 설명, 각주가 완전히 생략되었습니다. 이 사실은 과학사를 연구하는 일부 연구자들 사이에서만 알려져 있다가 2011년 6월 한 천문학자가 이를 지적하면서 천문학계 전체에 널리 알려지게 되었죠. 이에 따라 논문의 수정 배경에 대한 추측이 시작되었습니다.

논문의 수정 배경을 둘러싼 주요 가설은 두 가지입니다. 하나는 우주 팽창 사실을 발견한 영예를 자신의 것으로 만들고자 한 허블이 어떠한 압력을 가했을지 모른다는 가설이고, 다른 하나는 당시 저명한 학자였던 허블이 노여워할까 걱정한 영국 왕립천문학회 월간지 편집부가 개입했다는 가설입니다.

이러한 가설을 뒷받침하는 증거를 들어 허블은 자신의 업적을 독점하려는 강한 욕망을 지닌, 비겁하고 오만한 인물로 평가되기 시작했습니다. 반면 르메트르는 벨기에 루뱅가톨릭대학교 교수이자 가톨릭 사제로서 세속적인 명예에는 관심 없는, 겸손하고 순수한 학자라는 이미지를 얻었죠. 그렇다 보니 앞의 두 가설은 모두 설득력 있는 주장 같아 보였습니다.

그런데 아인슈타인이 우주상수를 '인생 최대의 실수'라고 언급한 것을 가모가 만들어낸 이야기라고 주장했던, 미국의 천문학자 마리오 리비오가 예상치 못한 사실을 밝혀냅니다.

리비오는 영국 왕립천문학회 월간지 편집장이 1927년 2월 17일에 르메트르에게 보낸 편지를 찾아냈습니다. 이 편지에서 편집장은 르메트르가 제출한 논문의 중요성을 인지하고 영어 번역본의 게재 가능성을 타진했습니다. 더욱이 허블이 알아낸 우주 팽창과 관련된 속도-거리 관계의 법칙과 관련된 부분을 삭제하라는 요구는 없었고, 오히려 후속 연구의 진전된 내용을 추가하도록 권유했습니다. 리비오는 같은 해 3월 9일에 르메트르가 편집장에게 보낸 답장도 발견했는데, 여기서 르메트르가 직접 자신의 논문을 영어로 번역하고 문제의 부분을 삭제한 사실이 드러났습니다.

이렇게 하여 원래 피해자라고 여겼던 르메트르가 실제로는 진범이었다는, 마치 추리소설과 같은 반전이 드러났죠. 하지만 이러한 사실만으로는 아직 궁금증이 남아 있습니다. 르메트르는 도대체 왜 가장 중요한 부분을 삭제했을까요?

리비오의 조사 결과 르메트르는 초기 데이터의 신뢰성에 확신을 갖지 못했고, 이와 관련해 '그 부분은 현재로서는 별로 중요하지 않아 다시 게재하지 않기로 결정했다'고 한 기록을 발견했습니다. 또한 르메트르는 자신이 우주 팽창 정도를 추정했지만, 이것이 허블의 법칙을 확립하는 데는 별다른 공헌을 하지 않았으며 단지 상수를 찾아내는 수준에 불과하다고 언급했습니다.

이처럼 르메트르는 자신이 먼저 발견했다고 주장하지 않으면서도 편집장에게 보낸 답장의 마지막 부분에 새로운 우주 팽창 방정식을 유도했으며, 이를 영국 왕립천문학회 월간지에 별도의 논문으로 발표하고 싶다고 밝혔습니다. 더불어 학회의 정식 회원이 되기 위해 에딩턴 교수와 편집장의 추천을 요청했습니다. 이 두 가지 요청이 모두 받아들여져 르메트르는 1939년 5월 12일에 영국 왕립천문학회의 정식 준회원으로 선출되었습니다.

앞선 사례는 과학 연구에도 인간적인 면모가 깊숙이 관여된다는 것을 보여줍니다. 과학사에서 이 같은 일화들의 진실을 규명하는 일은 어렵고, 심지어 진실이 존재하는지조차 확실하지 않다는 것을 알려주는 사례이기도 합니다.

5장

우주에서 가장 오래된 고문서의 암호
수학으로 풀다

빅뱅은 대폭발도 아니고
우주 탄생의 시작도 아니다

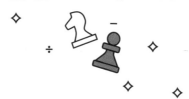

우주의 기원을 설명할 때 빅뱅Big Bang이라는 용어를 사용합니다. 빅뱅은 대폭발을 연상시키죠. 그래서 대부분은 우주가 공간의 한 지점에서 갑작스럽게 쾅Bang 하고 폭발하며 시작된 것으로 이해합니다. 또 어떤 사람들은 빅뱅을 우주 팽창의 과정으로 보고 우주가 지금도 빅뱅을 계속하는 중이라고 생각하죠. 물론 이러한 관점들이 완전히 틀렸다고 할 수는 없지만 정확하진 않으며, 엄밀히 말해 오해에 가깝습니다.

5장에서는 빅뱅 모델을 중심으로 어떻게 우주가 법칙에 따라 진화하는지 소개하고자 합니다. 먼저 빅뱅이 실제로 무엇을 의미하는지부터 알아보겠습니다. 4장에서 설명했듯이, 일반상대성이론은 우주가 정적이지 않고 시간에 따라 변화한다고 예측합니다. 이 이론적 예측은 허블-르메트르의 법칙을 통해 관측 데이터로 확인되었죠. 현재 우주는 확실히 팽창하고 있다는 것을 관측을 통해 알 수 있습니다.

기체를 가열하지 않고 팽창시키면 온도와 밀도가 낮아지는 것처럼 우주 역시 같은 원리로 작동합니다. 반대로 시간을 거슬러 올라간 다고 상상하면, 우주는 팽창하는 대신 수축할 것이므로 온도와 밀도 는 점점 높아질 겁니다. 이러한 추세가 계속되면 특정 시점에 이르러 우주의 온도와 밀도는 이론적으로 무한대에 도달할 수 있습니다. 이 시점을 우주의 시작, 즉 시간의 원점($t=0$)으로 정의합니다. 하지만 실 제로는 밀도가 무한대에 이르기 전에 현재 알려진 물리법칙이 붕괴 될 가능성이 높습니다. 어쨌거나 $t=0$에 가까워질수록 우주가 극도의 고온·고밀도 상태에 이를 것이라는 점은 분명합니다. 바로 이러한 상 태를 '빅뱅'이라고 부르며, 우주의 어떤 한 지점이 폭발한 것이 아닙 니다.

나중에 더 상세히 설명하겠지만, 빅뱅을 직역해서 대폭발이라고 하는 것은 잘못된 해석입니다. 우주가 빅뱅으로 탄생했다는 관점은 더더욱 오해입니다. 빅뱅은 우주 탄생 직후의 고온·고밀도 상태를 가 리킵니다. 이렇게 설명하다 보니 빅뱅이라는 용어 자체가 오해의 원 인이 되는 듯합니다. 다시 말해 빅뱅이 무엇을 가리키는지는 애초부 터 모호했고, 그 표현 자체만 널리 알려진 셈이죠.

우주 전역에서 동시에 일어난 빅뱅

빅뱅 상태를 언제로 정의할지는 확실하지 않습니다. 우리가 아직 그러한 고온·고밀도 상태를 정확히 기술할 수 있는 물리법칙을 모르기 때문이죠.

현재 알려진 물리법칙은 우주 탄생 후 10^{-43}초 이전, 즉 플랑크 시간보다 작은 시간에는 적용되지 않습니다. 플랑크 시간은 아주 짧은 시간으로, 소수점 아래로 0이 42개나 들어선 뒤에 1이 오는 극히 작은 값입니다. 0은 아니지만 거의 0에 가까운 값이죠. 그럼에도 우주는 탄생 직후 플랑크 시간 동안 아직 현대 물리학이 설명하지 못하는 중요한 변화를 겪었을 것입니다.

플랑크 시간 이후라고 해서 바로 현대 물리학 이론을 적용할 수는 없습니다. 그러나 많은 연구자가 아직 가설에 불과하지만 우주가 플랑크 시간 이후 어느 시점에서 인플레이션Inflation이라고 불리는 급격한 가속 팽창을 겪었고, 그 과정이 끝난 약 10^{-35}초 후 무렵 고온·고밀도 상태에 도달했다고 생각합니다. 이 상태가 일반적으로 빅뱅이라고 부르는 상태입니다. 즉 우주는 탄생 직후 인플레이션을 겪으며 고온·고밀도의 빅뱅 상태에 도달했고, 그 뒤 현재 알려진 물리법칙에 따라 진화하여 약 138억 년이 흐른 지금에 이르렀습니다.

우주의 진화 과정을 설명하기 위해 자주 사용되는 그래프가 그림 5.1입니다. 왼쪽에서 오른쪽으로는 시간이 흐르는 것을, 위에서 아래로는 우주의 크기(팽창 정도)를 나타냅니다. 이 그림은 마치 우주가

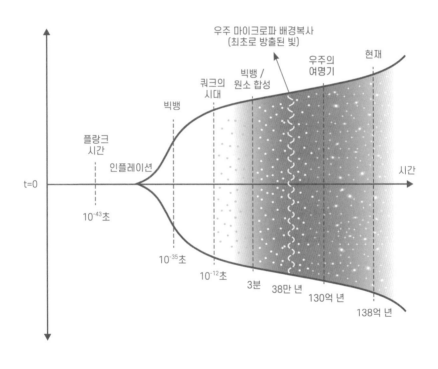

그림 5.1 우주의 진화

t=0일 때 한 점에서 시작된 것처럼 보이지만 실제로는 그렇지 않습니다. 더 정확한 그림을 그리는 것은 너무 어렵기 때문에 이해를 돕기 위해 간략화해서 그린 그림입니다. 그림 5.1과 같이 정확성을 다소 낮추더라도 일반 사람들이 직관적으로 이해할 수 있도록 한 그림이 많습니다.

이 내용을 이해하기는 쉽지 않겠지만 정말 중요한 개념입니다. 먼저 그림 5.2를 참고하여 우리를 중심으로 한 동심원이 겹친 공간을 상상해봅시다. 우리는 실제로 3차원 공간에 살고 있지만 여기서는 이해를 돕기 위해 2차원으로 생각할 겁니다. 2차원 개념을 이해하면 3차원으로 확장하는 것은 비교적 간단하니까요.

그림에는 세 개의 원이 그려져 있습니다. 이들은 각각 반지름이 138억 광년 미만(138억-38만)인 A, 정확히 138억 광년인 B, 그리고 148억 광년인 C로 표시됩니다. 이때 1광년은 빛이 1년 동안 이동하는 거리를 나타내는 단위로, 시간 단위인 1년과는 다른 개념입니다.

각 원은 우리로부터 동일한 거리에 있는 지점들을 연결하는 것으로, 과거의 동일한 시점의 우주를 나타냅니다(단 반지름의 상대적 크기는 과장되어 있습니다). 각 원에서 발산된 빛이 현재의 우리에게 도달하는 데 걸리는 '시간'은 각각 138억 년 미만(138억-38만), 138억 년, 148억 년입니다. 따라서 현재(t=138억 년) 우리에게 도착한 빛이 출발한 시점은 138억 년에서 소요 시간을 빼서 A에서는 38만 년 전, B에서는 현재, C에서는 10억 년 후가 됩니다.

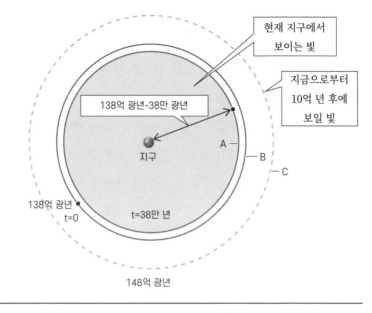

그림 5.2 우주의 지평선

이는 빅뱅 이후 38만 년(t=38만 년)이 흐른 뒤 원 A에서 출발한 빛이 현재(t=138억 년)의 우리에게 도달한다는 것을 의미합니다. 마찬가지로 원 B에서 t=0에 출발한 빛은 원칙적으로 현재 우리에게 도달하는 중입니다. 하지만 '원칙적으로'라고 표현했듯이, 실제로는 원 B에서 원 A까지의 영역(시간상으로는 t=0에서 t=38만 년까지)은 빛이 통과할 수 없기 때문에 A보다 먼 곳을 볼 수는 없습니다. 따라서 빛을 이용한 관측으로는 우주의 끝이 원 A에 해당합니다(이는 우주 마이크로파 배경 복사 전체 지도와 관련 있으나 자세한 설명은 잠시 후에 하겠습니다).

참고로 t=0에서 t=38만 년까지의 시간은 현재 우주의 나이 138억 년에 비해 극히 작은 비율(0.003퍼센트 미만)을 차지하기 때문에 실질적으로 원 A와 원 B를 구분하지 않고 원 A를 현재 관측 가능한 우주의 끝으로 간주해도 상관없습니다.

원 C에서 현재 우리에게 도달한 빛은 t=-10억 년에 출발한 것이 아닙니다. 우주의 탄생을 t=0으로 정의한 이상, 그 이전에는 우주가 존재하지 않았습니다. 많은 사람이 우주의 시작 전 상태에 대해 궁금해하지만, 표준 우주 모델에 따르면 우주의 시작 전에는 우주가 없었다는 것이 유일한 답입니다. 원 C에서 t=0에 출발한 빛은 현재 우리로부터 바깥 10억 광년 반경의 원 영역까지 도달해 있습니다. 다시 말해 그 빛이 우리 지구에 도달하는 데 앞으로 10억 년이 걸린다는 뜻입니다. 이를 이해하면 그림 5.2의 원 C 바깥쪽에 무한한 우주가 펼쳐져 있다는 것도 이해할 수 있을 겁니다. 그림 5.2는 현재 시점에서 우주의 공간적 상태를 보여주지만 중심에 있는 관측자가 모든 것을 볼 수 있는 것은 아닙니다. 시간이 지남에 따라 관측 가능한 영역이 안쪽에서 바깥쪽으로 조금씩 확대되어가지요.

이 개념을 더 쉽게 이해할 수 있도록 그린 그래프가 그림 5.3입니다. 처음에는 이해하기 어려울 수 있지만 익숙해지면 매우 유용한 그림이죠. 그림에서 세로축은 시간을, 가로축은 공간의 확장을 나타냅니다. 그림 5.2가 2차원 공간을 표현했다면 그림 5.3은 1차원 공간에도 적용됩니다. 그림 5.3을 시간축을 중심으로 360도 회전시키면 같

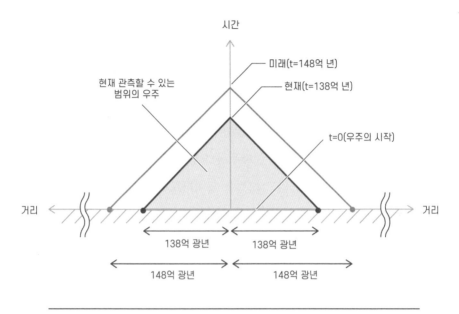

그림 5.3 우주의 과거와 거리

은 거리에 있는 영역은 원을 만들어내고, 이 원이 그림 5.2의 원과 대응하게 됩니다.

그림 5.3에서 가로축은 거리(r)를 광년 단위로, 세로축은 시간(t)을 연 단위로 표현하고 있습니다. 또한 빛은 기울기가 ±1인 직선을 따라 이동합니다. 현재 관측자의 위치(r=0, t=138억 년)에서 과거로 거슬러 올라가며 그림의 굵은 선을 따라 아래로 내려가게 되죠. 이 선이 t=0에 해당하는 가로축과 만나는 지점이 바로 r=138억 광년인 원입니다. 그 아래에 있는 그림자 영역(빗금 부분, t가 음수)은 우주가 탄생하기

이전 존재하지 않는 부분을 나타냅니다.

반대로 그림 5.3의 굵은 선 바깥쪽에 있는 실선은 r=148억 광년에서 출발한 빛의 경로를 나타내고 있습니다. 이 빛이 r=0에 도달하는 시점은 t=148억 년입니다. 148억 광년 떨어진 곳에서 온 빛을 관측하기 위해선 앞으로 10억 년이 더 지나야 한다는 것을 의미합니다.

그림 5.3을 이해하는 일은 매우 중요합니다. 혹여나 이해되지 않는다면 다시 한번 글을 읽고 그림을 들여다보세요. 결국에는 '아! 이렇게 간단한 거였어?' 하며 명쾌하게 이해할 수 있을 겁니다.

이러한 고찰을 통해 중심에 있는 관측자는 과거부터 미래에 이르는 임의의 시점에서 우주 탄생 직후의 빛(일명 '빅뱅의 흔적')이 계속해서 도달하고 있는 것을 관측할 수 있습니다. 관측 가능한 우주의 경계가 시간이 흐름에 따라 점점 확장되어 멀어져간다는 것을 의미합니다. 이를 통해 빅뱅은 우주의 한 지점에서 발생한 폭발이 아니라 우주 탄생 직후 우주의 모든 곳에서 동시에 일어난 상태임을 알 수 있습니다.

우주의 지평선을 넘어서

그림 5.2를 실제 3차원 공간으로 확장해 생각하면 우주는 마치 양파같이 수많은 껍질로 이루어진 공 모양 같다고 상상할 수 있습니다. 우리가 그 중심에 있을 때 안쪽 껍질(현재에 가까운 시점)에서부터 점차 바깥쪽 껍질(더 먼 과거의 시점)을 관측하는 것이 멀리 떨어진 우주를 탐구하는 것과 유사하죠(그림 5.4).

가장 바깥쪽 껍질은 우리가 현재 관측할 수 있는 우주의 경계를 나타냅니다. 이 경계 너머는 아직 볼 수 없지만, 실제로는 (거의) 무한히 펼쳐진 우주 전체의 일부분에 지나지 않습니다. 이러한 관점에서 보면 현재 관측할 수 있는 우주는 전체 가운데 매우 작은 부분에 불과합니다.

현재 관측할 수 있는 반지름 138억 광년의 우주의 공 모양 구조는 그 너머에 우주가 없다는 것이 아니라 아직 우리에게 보이지 않을 뿐입니다. 이런 맥락에서 현재 우리가 볼 수 있는 우주 경계인 구면을 '우주의 지평선' 또는 '지평선 구'라고 부릅니다. 태평양을 예로 들면

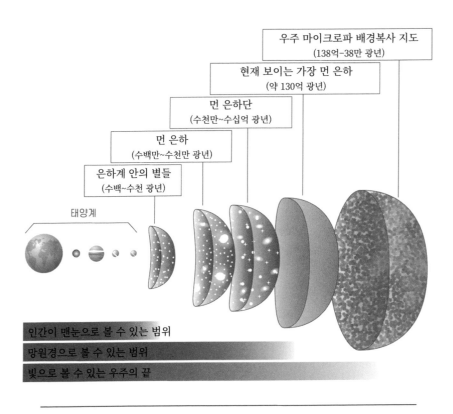

우주 마이크로파 배경복사 지도
(138억~38만 광년)

현재 보이는 가장 먼 은하
(약 130억 광년)

먼 은하단
(수천만~수십억 광년)

먼 은하
(수백만~수천만 광년)

은하계 안의 별들
(수백~수천 광년)

태양계

인간이 맨눈으로 볼 수 있는 범위

망원경으로 볼 수 있는 범위

빛으로 볼 수 있는 우주의 끝

그림 5.4 먼 우주의 관측과 구조

수평선 너머를 보기 위해 배를 타고 나아갈 수 있지만 우주의 지평선 너머를 보기 위해 어디로 나아가는 것은 불가능합니다. 그러나 시간 이 지남에 따라 경계 너머를 볼 수 있으므로 그저 기다리기만 하면 관 측할 수 있는 우주의 지평선은 점차 확장됩니다.

고고학자가 지구의 과거를 알아내기 위해 지하 깊은 곳을 파헤치는 것처럼 천문학자는 우주의 과거를 알아내기 위해 더 먼 하늘을 관측합니다. 고고학자와 천문학자 사이에는 위와 아래라는 물리적 차이가 있지만, 역사를 탐구하고 더 먼 곳을 탐색한다는 점에서는 비슷하지요.

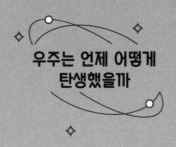

**우주는 언제 어떻게
탄생했을까**

Q.

우주는 138억 년 전에 탄생했다고 들었는데, 맞나요?

네 맞습니다. 우주의 나이는 여러 방법으로 추정할 수 있는데, 가장 신뢰도가 높은 방법 중 하나는 이 장의 뒷부분에서 다룰 예정인 '우주의 고문서'를 해석하는 것입니다. 이러한 연구를 통해 현재 우주의 나이는 137.87±0.20억 년으로 추정되고 있습니다. 따라서 우주가 138억 년 전에 탄생했다는 표현은 대략적으로 맞는 말입니다.

Q.

138억 년 전 우주에서 온 빛의 바깥 세계가 있다면 그 이전부터 우주가 존재했다고 볼 수 있나요?

그렇게 해석하는 것은 옳은 해석이 아닙니다. 현재 우리가 받아들이고 있는 표준 우주 모델에 따르면, 우주는 약 138억 년 전에 탄생했으며 그 이전에는 우주가 존재하지 않았습니다.

앞서 그림 5.2를 이해하는 데 어려움을 겪는 분이 많은 것 같네요. 이는 억 년(시간 단위)과 억 광년(거리 단위)이 비슷해서 헷갈리기 쉬운 탓이거나, 우주 공간이 무한하다는 개념을 받아들이기 어렵기 때문일 수도 있습니다.

어떤 시점에서든 관측자가 볼 수 있는 영역은 한정되어 있습니다. 예를 들어 1광년 떨어진 곳에서 출발한 빛은 1년 후에, 2광년 떨어진 곳에서 출발한 빛은 2년 후에, 3광년 떨어진 곳에서 출발한 빛은 3년 후에 관측할 수 있습니다.

현재 우리가 볼 수 있는 우주의 지평선은 138억 광년 떨어진 지점의 집합이며, 이들은 3차원 공간 내에서 구면을 이룹니다(2차원이라면 원 모양으로 구성되겠죠). 그러나 그 너머에는 139억 광년, 140억 광년, 141억 광년 떨어진 지점들이 계속 이어져 있습니다. 다만 139억 광년 떨어진 지점에서 온 빛은 아직 우리에게 도달하지 않았으며, 그 빛을 보기 위해서는 앞으로 1억 년을 더 기다려야 합니다. 마찬가지로 140억 광년, 141억 광년 떨어진 곳에서 오는 빛은 각각 2억 년 후와 3억 년 후에 도달하고요. 이 빛은 모두 관측자 기준에서 빛이 출발한 시점의 현재 정보가 아니라 빛이 출발한 시점의 과거 정보를 전달해줍니다.

Q.
우주가 태어나기 전에는 어떤 상태였나요?

정말 많은 사람이 이러한 궁금증을 가지고 있다는 것을 잘 알고 있지만, 계속 말했듯이 표준 우주 모델에 따르면 우주가 태어나기 전에는 우주가 존재하지 않았다는 것이 정설입니다.

우리는 태어나기 전에 어떤 존재였는지 궁금할 수 있습니다. 그 대답은 간단하죠. 우리는 태어나기 전에는 존재하지 않았습니다. 대부분은 이를 받아들입니다. 그러나 어떤 사람들은 이를 감각적으로 받아들이지 못하고 전생이 있던 것처럼 믿고 싶을 겁니다. 이러한 믿음이야 개인의 자유이지만, 과학적 관점에서 보면 전생은 존재하지 않는 현상입니다.

우주가 시작되기 전에는 어떤 상태였는지에 대한 질문도 마찬가지입니다.

하지만 이러한 해석은 표준 우주 모델의 개념에 불과하며, 더 정확하게 말하면 '우리는 모른다'는 입장이 제일 적절합니다. 표준 우주 모델과 다르게 윤회나 전생을 반복하는 우주 모델을 주장하는 연구자들도 있습니다. 현재 팽창하고 있는 우주가 언젠가 수축으로 전환되어 우주의 시작에 가까운 상태로 되돌아가고 그 후 다시 팽창을 시작하는, 무한한 과거와 무한한 미래를 반복하는 우주가 존재할 수 있다는 이론입니다. 이러한 모델은 과학적으로 완전히 부정할 수는 없지만 아직은 소수 의견입니다.

이 가설이 사실이라고 해도 극도로 고온·고밀도의 상태가 된 시점 이전의 우주 역사는 모두 사라지게 됩니다. 우주가 탄생하고 죽는 한 사이클 전의 우주와 현재의 우주 사이에는 아무런 관계가 없으므로, 현재 우주가 태어난 시점 이전의 우주가 어땠는지에 대해 과학적으로 대답하는 것은 불가능합니다. 따라서 우주가 유한한 과거로부터 시작했다는 표준 우주 모델보다 더 낫다고 볼 수 없습니다.

이렇게 돌고 도는 우주라는 개념은 감각적으로 쉽게 이해된다는 장점이 있지만, 지금으로서는 검증 가능한 과학적 모델이 아닙니다.

Q.
우주는 왜 생겨났을까요? 이렇게 커다란 규모의 우주가 형성되는 데 어떤 계기가 있었을 것 같아요.

정말 좋은 질문이에요. 이와 관련하여 여러 가지 이론과 제안이 있지만 현재 널리 인정받는 모델은 없습니다. 우주의 탄생 순간에만 적용되는 물리법칙을 아직 우리가 모르기 때문입니다. 이 문제는 2장에서 다룬 '법칙은 어디에 있는가'라는 철학적 질문과도 관련 있습니다. 우주의 탄생을 물리법칙으로 설명하려면 우주가 탄생하기 이전에도 물리법칙이 존재해야 합니다. 그러나 우주가 존재하지 않는 상태에서 물리법칙이 어떻게 존재할 수 있을까요? 개인적으로는 법칙이 우주와 함께 생겨났다고 생각하는 것이 더 합리적으로 느껴집니다.

하지만 그렇다고 해도 물리법칙에 따라 우주의 탄생을 설명하는 것은 불가능합니다. 선문답 같은 문제가 되기는 하지만, 우주의 탄생을 물리학적으로 설명하려면 이러한 선문답에 대한 과학적 답변이 필요합니다.

우주에서 가장 오래된 빛

지금까지는 원리적인 설명이고, 우주가 탄생할 당시 발생한 빛을 직접 관측할 순 없습니다. 아주 높은 온도와 밀도를 가진 우주에서는 빛이 직진할 수 없기 때문입니다. 이해하기 쉽게 비유하자면 하늘이 두꺼운 구름으로 가려진 날 태양의 위치를 찾기 어려운 상황과 비슷합니다. 아니면 짙은 안개가 낀 날에 한 치 앞조차 볼 수 없는 것과 비슷하죠.

정밀한 계산에 따르면, 우주는 탄생 직후 대략 38만 년이 지난 후에야 온도와 밀도가 충분히 낮아져서 빛이 곧게 뻗어나갈 수 있는 환경이 만들어졌습니다. 이는 마치 갑작스럽게 안개가 걷히는 것과 같으며, 이 시점을 '우주의 맑아짐'이라고 부르기도 합니다. 그림 5.2에서 우주가 탄생한 후 38만 년이 지난 A의 지점이 우주가 맑아진 시점입니다. 이때부터의 우주 상태는 직접 관측할 수 있으나, 그 이전 시점의 우주에서 생겨난 빛은 직접 관측할 수 없습니다. 빛을 이용한 관측이 가능한 우주 경계가 바로 이 지점입니다.

이론적인 우주 끝까지의 거리는 138억 광년이지만, 실제 거리는 대략 137억 9,962만 광년입니다. 138억 광년에서 38만 광년을 뺀 값이죠. 하지만 이 차이는 상대적으로 아주 작기 때문에 현재 관측할 수 있는 우주 반지름을 138억 광년으로 표현해도 문제없습니다.

그렇다면 빅뱅 이후 38만 년 후에 우주에서 나온 빛이란 어떤 빛을 의미할까요? 일반적으로 우리가 보는 빛은 특정한 물체, 예를 들어 별이나 은하와 같은 천체에서 발생합니다. 하지만 탄생한 지 38만 년밖에 되지 않은 우주에서는 아직 천체가 형성되지 않았습니다. 우주에서 천체가 형성되기까지는 대략 수억 년이 걸렸습니다.

여러분도 한 번쯤은 바비큐나 불고기를 숯불에 구워본 경험이 있을 겁니다. 이때 뜨거운 숯은 매우 빨갛습니다. 물체는 특정 온도에 도달하면 그에 대응하는 파장의 빛을 방출합니다. 철공소의 숙련공들은 가열된 철의 색을 보고 그 온도를 알 수 있죠.

우주가 맑아진 시점인 빅뱅 직후 38만 년 뒤의 우주 온도는 대략 3,000K(켈빈)이었습니다. 여기서 켈빈은 절대온도의 단위로, 섭씨온도에 273.15도를 더한 값입니다. 섭씨온도로는 2,726.85도였죠. 따라서 그 시기의 우주는 모든 곳에서 새빨간 빛을 방출하고 있었을 겁니다. 하지만 이 빛은 우리에게 도달하는 동안 에너지를 잃어서 원래 절대온도의 약 1,000분의 1인 약 3K의 빛으로 변했습니다. 인간의 눈은 대략 약 6,000K의 표면 온도를 가진 태양이 발하는 빛의 파장을 잘 감지할 수 있도록 진화했습니다. 그러나 우주 끝에서 온 낮은 온도의 빛은 인간의 눈으로는 관측할 수 없습니다.

그렇다고는 해도 우리는 우주 전역에서 쏟아지는 가장 오래된 빛에 둘러싸여 살고 있습니다. 이 빛은 전자기파의 마이크로파 대역에 해당하므로 우주 마이크로파 배경복사Cosmic Microwave Background, CMB라고 부릅니다. 우리는 빛을 이용해 관측할 수 있는 우주의 시작에 관한 정보를 우주 전역에 분포된 절대온도 약 3K의 CMB로 알 수 있습니다. 이 CMB가 우주 공간 전체를 채우고 있으며, 초기 우주 상태에 대한 중요한 단서를 제공합니다.

우주에서 오는 수수께끼의 잡음

우주가 탄생한 직후부터 현재 우주에 존재하는 모든 원소가 형성되었다는 가설을 처음 제안한 사람은 조지 가모입니다. 이 가설은 나중에 맞지 않는 것으로 밝혀졌지요. 초기 우주에서는 수소와 헬륨 같은 매우 가벼운 원소만 생성되었고, 그것보다 무거운 원소는 별 내부에서 생성되었습니다. 그럼에도 가모와 그의 학생들은 초기 우주와 같이 온도와 밀도가 매우 높은 상태가 존재했었다면, 현재 우주에는 그에 해당하는 빛의 잔재가 복사에너지 형태로 가득 차 있을 것이라고 처음으로 예측했습니다.

영국의 천문학자 프레드 호일1915~2001은 우주의 팽창은 인정하면서도 시간이 지나도 우주 밀도는 변하지 않는다는 '정상 우주론'을 강력히 주장했습니다. 호일은 초기 우주는 고온·고밀도 상태였으며, 급격하게 팽창했다는 가모의 모델을 인정하지 않았죠. 더욱이 호일은 가모의 주장에 대해 우주가 갑자기 폭발하며 시작됐다는 어처구니없는 이야기라고 폄하하며 '빅뱅'이라고 이름 붙였습니다. 즉 빅뱅 이론의 창시자는 가모였지만, 그 이름을 붙인 것은 가모의 경쟁자이자 숙적인 호일이었습니다.

원래 가모는 자신의 이론을 '원시 불덩어리 모델'이라고 불렀습니다. 여기서 불덩어리는 우주 초기에 온도와 밀도가 매우 높은 상태를 의미한다는 점에서 이론의 본질을 더 잘 반영한다고 볼 수 있죠. 앞서 몇 번이나 강조했듯이, 이 모델은 폭발 현상과는 관련이 없기 때문에 빅뱅은 본래 의미와는 다소 거리가 있습니다. 하지만 용어가 주는 강력한 임팩트 때문에 지금도 빅뱅이 우주의 시작을 나타내는 용어로 사용되고 있죠.

빅뱅 이론은 오늘날 많은 사람에게 잘 알려져 있지만, 1960년대 초까지는 오히려 정상 우주론이 인기가 많았습니다. 현재와 과거가 변함없이 같은 상태인 우주라는 개념은 본능적으로 안정감이 느껴집니다. 반면 우주에 시작이 있으며, 과거로 거슬러 올라갈수록 온도와 밀도가 더더욱 높아졌다는 빅뱅 이론은 너무 대담한 발상이라 쉽게 받아들이기 어려웠을 수도 있습니다.

이렇게 정상 우주론이 우세했던 상황을 확 바꾼 사람이 등장합니다. 미국의 물리학자 아노 펜지어스1933~2024와 로버트 윌슨1936~입니다. 펜지어스와 윌슨은 미국 벨연구소에서 전파천문학용 안테나를 개발하는 과정에서 아무리 해도 제거할 수 없는 지속적인 잡음 신호가 잡히는 것을 발견했습니다. 둘이 이 신호를 계속 분석해 보았더니 가모가 예언한 우주 마이크로 배경복사, 즉 CMB였죠. 빅뱅 이론과는 전혀 상관없이 우연히 관측 활동을 하다가 증거를 찾아낸 것입니다. 흥미롭게도 당시 같은 뉴저지주의 프린스턴대학교에서 로버트 디키1916~1997를 중심으로 CMB 검출을 목표로 연구하던 그룹이 있었습니다.

이를 안 펜지어스와 윌슨은 디키 그룹과 연락하여 자신들의 발견에 대한 상세한 결과를 공유했습니다. 그리고 그 발견이 얼마나 중요한지 깨달은 펜지어스와 윌슨은 1965년, CMB 관측 결과만 담긴 두

그림 5.5 펜지어스와 윌슨이 CMB를 발견한 역사적인 안테나

쪽밖에 되지 않는 간결한 논문을 발표했습니다. 디키 그룹도 펜지어스와 윌슨이 발견한 관측 결과의 이론적 배경과 그 의미를 서술한 논문을 같은 저널에 실었는데, 제임스 피블스[1935~] 같은 젊은 연구자도 공저자로 참여했습니다. 피블스는 우주론 이론 연구에 대한 공헌을 인정받아 2019년 노벨 물리학상을 수상했습니다.

우주의 과거를 밝히는 CMB

앞서 언급한 대로 CMB는 우주가 탄생한 뒤 약 38만 년 후에 방출된 빛입니다. 이 시간은 인간의 개념으로는 상상하기 어려울 정도로 길지만, 우주 나이에 비하면 고작 0.003퍼센트에 불과합니다. 실질적으로는 우주 탄생 직후라고 볼 수 있죠. CMB는 우주 초기의 귀중한 정보원으로, 중요한 연구 대상입니다. 하지만 지상에서 CMB를 관측하는 것은 대기의 영향으로 인해 한계가 있습니다. 더욱 정확하게 관측하려면 대기권 밖에서 CMB를 관측하는 전용 위성을 발사해야 하죠. 그래서 처음 발사된 전용 위성이 1989년 NASA(미국항공우주국)가 발사한 우주배경복사 탐사선, 즉 코비Cosmic Background Explorer, COBE입니다.

NASA의 코비 프로젝트팀은 탐사선에서 얻은 데이터를 기반으로, 1992년 최초로 우주 전역에서 오는 CMB 지도를 작성하여 하늘의 모든 방향에서 오는 빛의 온도가 위치마다 아주 약간 다르다는 사실을 밝혀냈습니다(그림 5.10). 이러한 온도 차이는 우주가 탄생한 후 약

38만 년이 지난 시점에서 우주 공간의 밀도가 매우 작은 차이지만 조금씩 다르다는 것을 의미합니다.

일반상대성이론을 활용하면 이러한 밀도의 변화가 중력에 의해 일어나며, 현재의 우주에서 관측할 수 있는 다양한 천체가 형성되는 과정을 적절히 설명할 수 있습니다. 다시 말해 CMB가 발견되면서 우주 탄생 직후 38만 년에서 현재까지 이어진 우주 진화를 물리법칙으로 설명할 수 있음을 확인한 것입니다. 이런 위대한 업적을 인정받아 존 매더1946~와 조지 스무트1945~가 코비 프로젝트팀을 대표하여 2006년 노벨 물리학상을 수상했습니다.

은하계 전체 모습을 보고 싶다

코비의 관측 데이터보다 더 정밀한 관측을 수행한 것은 2001년 미국에서 쏘아 올린 더블유맵Wilkinson Microwave Anisotropy Probe, WMAP과 ESA(유럽우주국)가 2009년에 쏘아 올린 플랑크Planck 위성입니다. 두 위성이 관측한 CMB의 온도 변화 지도를 자세히 살펴보겠습니다.

그 전에 지구를 2차원 지도로 표현하는 방법을 알아야 합니다. 우리가 흔히 볼 수 있는 세계지도는 지구 표면을 평면으로 펼친 지도입니다. 하지만 지구는 실제로는 구형이어서 완벽하게 평면으로 펼칠 수 없습니다. 그래서 2차원 평면으로 만드는 방법을 사용하죠.

가장 일반적으로 사용되는 방법 중 하나는 메르카토르 도법입니다. 초등학교나 중학교에서 배우는 세계지도는 이 방법으로 만들어졌죠. 그러나 위도가 높은 지역일수록 면적이 실제보다 크게 왜곡된다는 단점이 있습니다(그림 5.6). 또 다른 방법은 몰바이데 도법입니다. 이 방법은 임의의 위치에서 실제 면적 비율을 유지하도록 만들어졌지만, 그림 5.7에서 확인할 수 있듯이 지도의 양 끝으로 갈수록 형태가 왜곡된다는 한계가 있습니다. CMB 지도는 몰바이데 도법을 사용하여 그린 지도입니다. 앞의 그림 5.4를 다시 살펴보면 지구 밖에서 지구를 바라보는 그림 5.7과는 다르게 지구 내부에서 지구 밖을 관측하는 방향으로 제작되었습니다.

태양계가 위치한 우리은하계는 나선은하의 일종으로, 밝은 별들

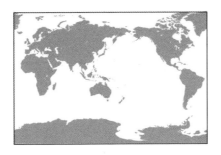

그림 5.6 메르카토르 도법으로 그린 세계지도

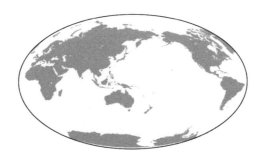

그림 5.7 몰바이데 도법으로 그린 세계지도

154

이 주로 옅은 원반 형태의 영역에 분포하고 있습니다(그림 5.8). 여름 밤 하늘에 보이는 은하수는 이 원반을 옆에서 바라본 모습으로, 별들의 빛이 띠 형태로 나타나는 현상입니다. 우리은하계를 영어로 Milky Way Galaxy라고 부르는 이유이기도 하죠.

지구의 위도와 경도에 해당하는 은하계의 기준 좌표로는 은하좌

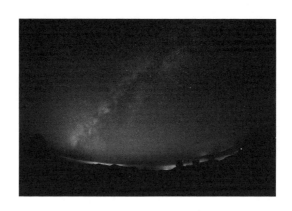

그림 5.8 하와이 마우나케아산 정상에서 본 은하수

그림 5.9 은하계 17억 개 별들의 분포(몰바이데 도법)

표계를 사용합니다. 은하좌표계에서 은하 원반은 적도면으로 간주되며, 이에 평행한 방향이 은위(위도선)가 됩니다. 이 은하좌표계를 사용하여 그린 지도가 그림 5.9입니다. ESA의 가이아 위성이 관측한 데이터를 바탕으로 우리은하에 속하는 별 약 17억 개의 분포를 몰바이데 도법으로 표현한 그림입니다. 이 데이터를 통해 은하계 내의 별이 주로 은위 0도인 적도 부근의 은하면에 집중되어 있는 것을 명확히 볼 수 있습니다.

참고로 지구가 포함된 태양계가 속한 은하를 '우리은하' 또는 '우리은하계'라고 부릅니다. 은하는 다양한 별들의 집합을 의미하는 일반명사이지만, 우리은하계는 특별히 우리은하를 가리키는 고유명사입니다. 천문학자도 혼동해서 쓰는 경우가 많아 여기서 그 뜻을 명확히 짚고 넘어갑니다.

지금의 우주를 만든 아주 작은 차이

이제 몰바이데 도법으로 그린 CMB 지도를 살펴보겠습니다. 그림 5.10은 코비를 이용해 제작한 최초의 CMB 전천(하늘 전체) 지도입니다. 이 지도의 짙은 부분과 옅은 부분은 CMB의 온도 차이를 나타내며, 우리 눈으로 직접 볼 수 없습니다. CMB의 현재 평균 온도는 약 2.7K이며, 코비로 촬영한 이 지도에서 보이는 짙고 옅은 부분의 차이는 고작 ±0.002K 범위입니다.

CMB 전천 지도에서 알 수 있는 두 가지 중요한 사실이 있습니다. 첫째, 우주 전역의 온도가 1,000분의 1 정도의 차이로 매우 비슷하다는 것입니다. 이는 절대 당연한 게 아니라 정말 놀라운 사실입니다. 이 지도상의 북쪽과 남쪽에서 출발하여 우리에게 도달한 빛은 우주가 탄생한 이후 단 한 번도 만난 적이 없지만, 온도가 거의 같다는 것은 매우 신기한 일입니다. 마치 지구와 전혀 다른 행성에서 온 외계인이 우리와 똑같이 생겼을 때 느끼는 이상한 동질감과 비슷하죠. 이런 신기한 현상이 발생한 이유는 별도의 문제로 남겨두고(인플레이션 이론이 이 문제를 해결하기 위한 해결책으로 제안되었습니다), 우주가 적어도 탄생한 지 38만 년 후에는 모든 곳의 온도가 거의 같았다는 사실이 밝혀진 것입니다.

이러한 발견은 우주 어디에도 특별한 곳이 없다는 중대한 의미를 담고 있습니다. 태양계, 우리은하, 그리고 우주 전반에 걸쳐 모든 지역이 거의 같은 조건을 가졌다는 뜻이죠. 우주는 어디서나 균일하고 같은 성질을 가졌다는, '우주 원리'라는 우주론의 가장 기본적인 가정에 대한 관측 증거이기도 합니다.

둘째, 우주의 온도는 아주 미세하지만 위치에 따른 차이가 존재한다는 것입니다. 만약 모든 곳이 정말 한 치의 오차도 없이 똑같다면 다양한 은하와 별이 형성될 수 없었을 겁니다. 그러면 밤하늘은 별이 없는 캄캄한 어둠만이 가득했을 것이고, 태양이나 지구, 인류도 존재하지 않았겠죠. 이렇게 매우 미세한 정도의 온도 차이는 그만큼의 물질이 존재하고 있는 밀도의 차이를 의미합니다. 각 위치에서 생기는 밀도 차이는 중력의 작용으로 시간이 지나면서 성장하여 결국 별이나 은하 같은 천체를 형성하는 씨앗이 되지요.

이렇게 CMB 전천 지도의 관측 정보를 초기 우주 조건으로 삼아 물리법칙에 따라 계산하면, 현재 우주의 모습을 이론적으로 예측할 수 있습니다. 이러한 예측은 대체로 현재의 관측 데이터를 잘 설명합니다. 즉 우주 탄생 이후 38만 년이 지난 시점의 지도에는 138억 년 후인 현재의 우주 상태에 대한 정보가 담겨 있습니다.

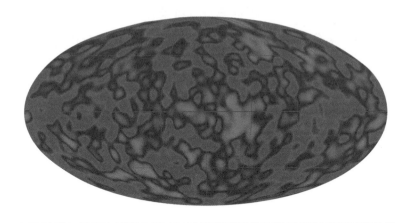

그림 5.10 코비를 이용한 CMB 온도 전천 지도

그림 5.11 플랑크 위성을 이용한 CMB 온도 전천 지도

코비의 CMB 전천 지도를 계기로 더 좋은 성능을 가진 더블유맵과 플랑크 위성이 발사되었습니다. 플랑크 위성이 만든 CMB 전천 지도는 코비가 촬영한 결과(그림 5.10)와 비교하여 해상도가 매우 좋아졌습니다. 물론 코비가 촬영한 첫 CMB 전천 지도가 지닌 과학적 중요성은 말할 필요도 없죠. 이는 과학이 지속적으로 발전하고 있다는 사실을 보여주는 좋은 예입니다.

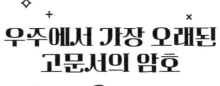

우주에서 가장 오래된 고문서의 암호

그림 5.10과 5.11에 담긴 우주의 다양한 정보는 단순히 보기만 해서는 이해할 수 없습니다. 마치 그림 1.1에 나타난 하늘을 가득 채운 원주율 숫자와 비슷한 경우죠. 단순히 숫자를 바라보기만 해서는 원주율이라는 중대한 의미를 파악하기 어렵습니다.

우주에서 가장 오래된 고문서에 새겨진 정보를 해석하기 위해서는 반드시 수학이 필요합니다. 우리는 앞서 그림 1.3에 나온 수식을 통해 그림 1.1에 있는 숫자의 의미를 파악할 수 있었습니다. 하지만 그림 5.11은 그림 1.1과는 다르게 숫자들이 암호화되어 있으므로 먼저 이 암호를 푸는 과정을 거쳐야 합니다.

이 복잡한 과정에서 그림 5.12의 수식이 핵심적인 역할을 합니다. 처음 접하는 사람에게는 당연히 이 수식이 어렵겠죠. 중요한 사실은 5.12의 수식을 사용하면 이 우주에서 가장 오랜 고문서인 CMB 지도를 해석할 수 있다는 것입니다. 그렇다면 이 수식을 적용해 CMB 지도를 분석하면 무엇을 발견할 수 있을까요? 그 해답은 다음 그림 5.13

$$\frac{\delta T}{T}(\theta, \varphi) = \sum_{l=2}^{\infty} \sum_{m=-l}^{l} a_{lm} Y_{lm}(\theta, \varphi)$$

$$C_l \equiv \frac{1}{2l+1} \sum_{m=-l}^{l} |a_{lm}|^2$$

첫 번째 식에서 좌변의 $\delta T/T(\theta,\varphi)$는 지도상 특정 위도 θ, 경도 φ에서 관측되는 온도와 우주 전체 평균 온도와의 차이를 나타냅니다. 이 값은 직접적인 관측을 통해서 얻을 수 있는데, 이때 사용되는 함수가 구면조화함수입니다. 구면조화함수는 $Y_{lm}(\theta,\varphi)$에 수치 a_{lm}으로 표현된 가중치를 부여함으로써 온도 차이를 재현할 수 있습니다. 이 과정을 좀 더 전문적으로 '구면조화함수 전개'라고 부릅니다. 이렇게 얻은 a_{lm} 값들의 집합은 CMB 전천 지도의 전체 정보를 담고 있습니다. 그리고 이 정보를 변형하면 두 번째 식과 같이 C_l의 양도 계산할 수 있습니다.

그림 5.12 구면조화함수를 사용한 고문서 해독법

의 그래프에 나타나 있습니다. 이 그래프의 세로축은 온도의 변화량, 가로축은 하늘에서의 각의 크기를 나타내고 있습니다. 지금은 이러한 세부 사항에 집중하기보다 눈으로 보기만 해서는 아무것도 알 수 없었던 그림 5.11에 매우 중요한 곡선이 숨어 있다는 사실에 주목해 보죠.

이 발견은 마치 고문서에 숨어 있는 암호를 해독한 것과 같습니다. 그러나 아직 그림 5.13의 암호(데이터)가 어떤 의미를 지니는지 모릅니다. 암호를 제대로 파악하기 위해서는 우주의 성질을 수학적으로

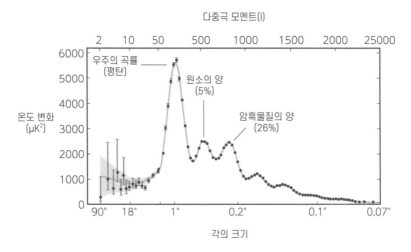

이 그림은 CMB 전천 지도에 어느 정도 크기의 온도 변화가 있는지를 보여줍니다. 가로축은 지도에서의 각의 크기, 세로축은 각의 크기에서 온도 변화 크기의 제곱을 나타냅니다. 1° 부근에서 최고점에 도달하는데, 이것은 그림 5.11에서는 평균적으로 1° 정도 크기의 온도 변화가 가장 많이 존재한다는 것을 의미합니다. 그림 5.11을 보면 확실히 작은 알갱이 패턴이 많이 있다는 것을 알 수 있습니다. 이 알갱이들의 전형적인 크기가 1°(다중극 모멘트=180)라는 것입니다(가만히 바라보고 있으면 이해할 수 있을지도 모르겠네요). 또한 세로축에서는 그 크기에서의 온도 변화가 ±0.4μK(100만 분의 1켈빈) 정도라는 사실을 알 수 있습니다.

그림 5.13 CMB 지도에 숨어 있던 정보

설명하는 이론 모델이 필요하고, 이는 일반상대성이론으로 만들어낼 수 있습니다. 여기에 숨어 있는 암호를 더욱 정확하게 재현하는 우주 모델이 그림 5.13의 곡선과 일치합니다. 이 모델은 현재 우주를 가장 잘 설명하는 표준 ΛCDM(람다CDM) 모델로 알려져 있습니다. 이 모델은 나중에 자세히 다루겠습니다.

이번에는 정말 많은 새로운 개념이 등장한 탓에 이해하기 어려울 수도 있습니다. 특히 그림 5.12에서 언급된 구면조화함수는 다소 복잡하게 느껴질 겁니다. 하지만 크게 걱정하지 않아도 됩니다. 가장 중요한 점은 우주 관측 데이터에 수학을 적용해서 숨어 있던 정보를 밝혀냈다는 사실입니다. 놀랍게도 우주에 대한 정보는 이처럼 우주 자체에 수학이라는 언어로 기록되어 있습니다.

CMB의 존재는
어떻게 알 수 있을까

Q.

지금 제 눈앞에도 CMB가 존재하나요?

네. 하지만 인간의 눈은 전파를 볼 수 없기 때문에 우리는 CMB를 알아차리지 못하죠. 아날로그 TV 방송 시절, 밤에 모든 방송이 끝나면 치지직 하는 소리와 함께 노이즈가 가득한 화면이 나오곤 했습니다. 그 노이즈의 약 1퍼센트는 우주의 끝에서 온 CMB 전파입니다.

펜지어스와 윌슨 역시 위성통신 실험을 하던 중 정체를 알 수 없는 잡음을 발견하면서 CMB를 찾아내게 되었습니다. 이런 점에서 CMB는 우리와 전혀 상관없는 존재가 아니라 오히려 우리 주변에 가득한 존재라고 할 수 있습니다.

우주를 특징짓는 여섯 가지 변수

이론 모델을 복잡하게 만들고 무수히 많은 (우주의 성질을 특징지을 수 있는) 변수를 도입하면 어떤 관측 데이터도 설명할 수 있겠지만, 이론 모델이 인정을 받으려면 최대한 적은 변수로 관측 데이터를 정확히 설명할 수 있어야 합니다. 그리고 각 변수에는 물리적 의미가 있어야 하고요. 이런 특징이 없다면 그 모델은 아름다움을 가질 수 없습니다. 표준 ΛCDM 모델은 이러한 조건을 만족시키는 대표적인 사례입니다. 이 모델을 특징짓는 변수는 모두 여섯 가지인데, 지금부터 변수에 대해 이야기해보겠습니다.

ΛCDM은 우주상수를 의미하는 Λ와 차가운 암흑물질Cold Dark Matter을 의미하는 CDM을 조합해 만든 용어입니다. 암흑물질은 빛과 상호작용하지 않아 보이지 않는 물질이고, 차갑다는 표현은 실제 온도가 낮다는 것이 아니라 물질의 운동에너지가 낮다는 의미입니다. 우주에 존재하는 전체 물질의 밀도를 1이라고 할 때, 이 두 성분에 해당하는 변수는 우주상수 Λ의 비율인 Ω_Λ와 차가운 암흑물질이 차지하

는 비율인 Ω_c입니다.

우리가 알고 있는 모든 물질은 약 120가지의 원소로 이루어져 있으며, 이 원소들은 원자핵과 전자로 이루어진 원자로 구성되어 있습니다. 우주론에서는 이러한 원소들을 중입자baryon(바리온)라고 부르며, 전체 물질 가운데 중입자가 차지하는 비율을 Ω_b로 표현합니다. 여기서 중요한 점은 전자는 중입자가 아니라는 것입니다.

표준 ΛCDM 모델은 유클리드 기하학에 기반한 평탄한 공간을 가정하고 있습니다. 이 가정은 관측적으로도 높은 정확도로 확인된 사실입니다. 이 모델에서 Ω_Λ, Ω_c, Ω_b의 합은 1이고, 세 개 중 독립 변수는 두 개뿐입니다. 참고로 우주의 팽창률을 나타내는 허블상수 H_0가 세 번째 독립 변수로 작용합니다. 이해하기 어렵겠지만, 나머지 세 개의 변수를 간단히 훑어보면 우주의 밀도 변화의 크기와 성질을 나타내는 A_s와 n_s, 그리고 현재 우주의 빛에 대한 투명도를 나타내는 τ(타우)입니다.

만약 우주가 빛에 완전히 투명하다면, 다시 말해 빛이 자유롭게 돌아다닐 수 있다면 $\tau=0$이고, 어떠한 공간에 빛이 갇혀 완전히 불투명하다면 τ는 무한대가 됩니다. 우주는 탄생 이후 약 38만 년 뒤에 양성자가 중성 수소 원자로 변하면서 투명해졌습니다. 그러나 약 7억 년 뒤에는 우주에 다시 안개가 끼기 시작했는데, 이 안개는 우주에 존재하는 수소 원자가 이온화되어 자유전자가 생성되는 상태를 나타내는 비유적 표현입니다. '우주 재이온화 현상'이라고 하죠.

기호	우주론 변수	추정값
H_0	허블상수	$(67.66\pm0.42)\mathrm{km \cdot s^{-1} \cdot Mpc^{-1}}$
Ω_b	중입자 밀도 변수	0.0490 ± 0.0003
Ω_c	암흑물질 밀도 변수	0.261 ± 0.002
Ω_Λ	무차원 우주상수 변수	0.6889 ± 0.0056
t_0	현재 우주 나이	(137.87 ± 0.20)억 년

그림 5.14 표준 ΛCDM 모델 우주론 변수

이렇게 표준 ΛCDM 모델을 특징짓는 기본 변수는 Ω_c(우주에 존재하는 암흑물질의 양), Ω_b(우주에 존재하는 원소의 양), H_0(현재 우주의 허블상수), A_s(우주의 밀도 변화 크기) n_s(우주의 밀도 변화 지수), τ(현재 우주의 빛에 대한 불투명도)입니다. 여섯 가지 변수는 일반상대성이론에 기반을 둔 우주 모델과 결합하여 높은 정확도로 우주의 다양한 성질을 설명할 수 있습니다.

그림 5.11에 숨겨진 암호(그림 5.13)는 표준 ΛCDM 모델을 사용하여 풀었고, 이를 통해 얻은 결과의 일부가 그림 5.14에 표로 정리되어 있습니다. 현재 우주 나이는 독립 변수가 아니지만 이 해석을 통해 추정할 수 있는 중요한 값이므로 함께 표시했습니다. 추정값에서 $\pm$ 뒤에 있는 숫자는 그 앞 숫자의 오차범위를 나타냅니다. 즉 지금은 이들 변수의 값을 무척 높은 정확도인 1퍼센트 이하의 오차범위로 추정할 수 있습니다.

우주는 무엇으로 되어 있을까

그림 5.14의 분석 결과를 통해 얻을 수 있는 가장 중요한 발견은 우주를 이루는 구성 물질입니다. 지상에 존재하는 모든 물질은 원소, 즉 중입자로 구성되어 있습니다. 일반적으로 지상 물질과 우주 물질이 같다고 예상하는 것이 자연스럽죠. 그러나 놀랍게도 Ω_b의 값은 약 0.05에 불과해 지상에서 볼 수 있는 원소는 우주의 5퍼센트만을 차지합니다. 이는 우주의 대다수인 약 95퍼센트가 우리가 직접 본 적 없는 미지의 성분으로 구성되어 있다는 것을 의미합니다. 미지의 성분은 암흑물질이 차지하는 26퍼센트와 우주상수가 차지하는 69퍼센트로 이루어져 있다고 추정됩니다(그림 5.15).

암흑물질은 일반적인 원소와 같이 중력의 영향을 받지만, 별이나 은하와 같이 빛을 내는 천체를 만드는 일반적인 원소와는 다르게 전혀 빛을 내지 않습니다. 그래서 암흑이라는 이름이 붙었죠. 눈에 보이지 않는데도 관측하면 은하 주변에 상당량의 암흑물질이 존재한다는 것을 확인할 수 있습니다. 암흑물질의 정체는 아직 명확히 밝혀지

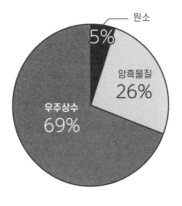

원소
5%
암흑물질
26%
우주상수
69%

그림 5.15 현재 우주의 성분

지 않았지만 현재의 입자 표준 모델을 넘어서는 새로운 형태의 기본 입자일 가능성이 높습니다. 천문학의 거시적 발견이 미시적 물리학의 새로운 법칙을 발견하는 데 중요한 단서를 제공한다는 의미이죠.

한편 우주상수는 빛을 내지 않는 것은 물론이고 서로 반발하는 특성을 가지고 있습니다. 이로 인해 만유인력과 반대되는 효과, 즉 우주 전체를 밀어내는 힘(척력)이 작용합니다. 우주는 팽창하고 있는데, 만약 중입자와 암흑물질 같은 인력인 중력만 존재한다면 우주의 팽창 속도는 시간이 지남에 따라 느려져야 합니다. 그러나 우주상수가 지배적인 우주에서는 척력의 영향으로 팽창이 가속화됩니다. 이러한 우주의 가속 팽창 현상은 2011년 노벨 물리학상을 수상한 두 연구 그룹이 관측을 토대로 입증했습니다(115~116쪽 참조).

이론적으로 우주 가속 팽창은 우주상수가 아닌 다른 형태의 암흑에너지로도 일어날 수 있습니다. 현재까지 나온 여러 관측 결과를 종합해볼 때 우주상수가 암흑에너지의 가장 유력한 후보 중 하나입니다. 이로 인해 ΛCDM 모델은 표준 우주 모델로 인정받고 있습니다.

20세기 말부터 21세기 초에 이르는 우주론의 혁신적인 발전 중에서도 우주의 대부분을 알려지지 않은 암흑물질과 암흑에너지가 차지하고 있다는 발견은 특히 중요합니다. 이런 결론은 다양한 관측 데이터를 바탕으로 나왔는데, 무엇보다 CMB의 관측이 중요한 역할을 했습니다. CMB 전천 지도와 표준 우주 모델의 예측이 정확하게 일치하는 것은 우주가 수학적 물리법칙을 따른다는 강력한 증거입니다. 따라서 우주의 관측 정보를 정밀하게 해석하는 데 수학이 필수 도구임을 보여주죠.

물리학에서는 초기 조건이 주어지면 물리법칙으로 이후의 움직임을 정확히 예측할 수 있습니다. 이러한 원리는 실험실에서는 물론이고 우리가 직접 실험할 수 없는 우주 전체에도 적용됩니다. 천문학자들은 우주를 관측할 뿐 실험할 수는 없습니다. 하지만 앞선 예를 통해 물리법칙이 실험실을 넘어 우주까지 지배한다는 사실을 확인할 수 있습니다.

CMB 전천 지도에는 이론적으로 우주의 모든 정보가 담겨 있다고 할 수 있습니다. 관측 정확도의 한계 때문에 모든 정보를 완전히 해석하는 것은 불가능하더라도 그림 5.11의 CMB 전천 지도는 천체 정보부터 생명의 탄생, 의식의 발달, 사회와 문화의 형성에 이르는 광대한 미래의 설계도를 담고 있다고 볼 수 있죠.

우주의 과거와 미래가 모두 CMB 전천 지도에 담겨 있다고 상상하면 그 신비로움과 장엄함에 두근거립니다.

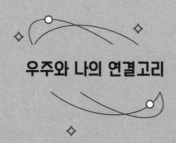

우주와 나의 연결고리

Q.
우주상수가 사실은 물질이었군요! 저는 단순히 계산을 위한 숫자에 불과하다고 생각했어요.

정말 핵심이 담긴 말입니다. 우주상수는 수치로 표현되는 변수 중 하나이지만 그 안에는 물리적 의미가 담겨 있습니다. 이것은 우주와 물리법칙이 수학적으로 기술될 수 있다는 뜻입니다. 우주상수는 아인슈타인 방정식에 나타나는 하나의 변수로, 단순히 계산에 필요한 숫자로 볼 수도 있습니다. 하지만 물리학적으로는 우주의 기하학적 성질을 나타내는 요소로 해석될 수 있죠.

더 많이 인정받는 해석은 우주상수를 진공에너지로 보는 것입니다. 물리학에서 진공은 복잡한 개념입니다. 완전한 진공이나 아무것도 없는 상태에서도 에너지가 존재할 가능성이 있으며, 이를 '진공에너지'라고 부릅니다. 우주상수 Λ를 진공에너지로 해석하는 의견도 있지만, 이론적으로 예상되는 진공에너지의 크기 값은 관측된 우주상수의 값보다 무려 10^{120}배나 큽니다. 이론과 관측 사이에 심각한 불일치가 존재하죠. 그렇기에 우주상수를 단순히 진공에너지로 해석하는 것은 무리가 있습니다.

이러한 문제를 해결하기 위해 미지의 물질이나 존재가 우주상수와 유사한 성질을 가졌다는 가정을 도입한 것이 바로 암흑에너지라는 개념입니다. 암흑에너지는 하나의 의미가 아닌 다양한 가능성을 포함하는 개념입니다.

현재는 관측된 암흑에너지가 우주상수와 매우 유사한 성질을 가지고 있지만, 이 두 개가 완전히 같은 것인지는 확신할 수 없습니다. 암흑에너지의 정체를 밝히는 일은 우주론뿐만 아니라 물리학 전반에 걸쳐 굉장히 중요한 과제입니다.

Q.
CMB 전천 지도에는 '나'라는 존재에 관한 정보도 포함되어 있을까요?

아주 훌륭한 질문이에요. 이 질문에 대한 대답은 사람마다 다를 겁니다. 저는 CMB 전천 지도에 우주와 우리 존재에 관한 모든 초기 조건이 포함되어 있을 것이라고 생각합니다. 하지만 실제로 이 정보를 완전히 해독하는 것은 불가능합니다. 관측은 한계가 있기에 우리가 관측할 수 있는 데이터는 원래 CMB가 가지고 있는 모든 정보의 극히 일부분일 뿐이죠. 따라서 이번 장에서 언급된 여섯 가지 변수는 관측 가능한 데이터로부터 추론할 수 있는 우주의 대략적인 성질을 파악한 것에 지나지 않습니다.

이론적으로 CMB에는 현재 우주에 관한 모든 정보가 담겨 있고, 우리 각자의 생애에 관한 정보까지 포함할 수 있습니다. 하지만 고전적 결정론에 근거한 이 견해는 세계의 모든 움직임이 초기 조건과 물리법칙에 의해 완전히 결정된다는 것을 전제로 합니다.

이 고전적 결정론에 따르면, 인간의 행동도 물리법칙에 의해 예정된 것입니다. 그러나 고전적 결정론은 우리의 행동이 정해져 있는 것이 아니라 본인이 어떻게 행동할지 직접 결정할 수 있다는 자유의지가 존재하

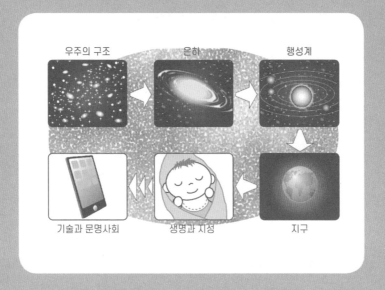

그림 5.16 38만 년에서 138억 년의 우주 진화

는지에 관해 논란이 있습니다. 저는 인간이 물리법칙의 지배를 받지만 그럼에도 자유의지가 존재한다고 생각합니다.

실제로 미시 세계는 양자역학으로 설명되어야 합니다. 양자역학에 따르면, 초기 조건을 완전히 알고 있다고 하더라도 미래를 확실하게 예측할 수 없습니다. 양자역학의 세계에서는 그 상태를 완전히 안다는 것 자체가 원리적으로 불가능합니다. 따라서 CMB 전천 지도에 '나'에 관한 정보가 포함되어 있더라도 그 정보를 완전하게 이해하고 예측하는 것은 현실적으로 불가능할 겁니다.

현재 과학계에서는 양자역학과 일반상대성이론을 하나의 통일된 이론으로 만들고자 하는 작업이 계속되고 있습니다. 두 이론은 각각 미시 세계와 거시 세계를 설명하는 데 꼭 필요하지만, 이들을 모순 없이 결합하는 것은 과학계의 중요한 도전 과제 중 하나입니다. 우주의 탄생

순간에 적용되는 물리법칙이 아직 명확히 밝혀지지 않은 이유이기도 합니다.

4장 앞부분에서 언급된 '궁극의 이론'은 이러한 통일 이론을 가리킵니다. 초끈이론Superstring Theory은 이 궁극의 이론의 후보 중 하나로, 전 세계의 많은 과학자가 연구하고 있습니다. 아직 완성되지 않은 이론이라서 앞으로도 많은 이론적 제안과 실험적 검증이 필요하죠.

고전적 결정론의 관점에서 볼 때 CMB 전천 지도가 우리 존재에 관한 모든 정보를 포함하고 있다고 단정 지을 수는 없습니다. 이는 과학적 사실보다는 개인적인 신념에 가까우며, 이 신념을 표현한 그림이 5.16입니다.

우주를 관측하는 새로운 도구
블랙홀과 중력파

6장

공간이 휘었다니

아인슈타인의 일반상대성이론은 수성의 근일점 이동, 중력에 의해 휘어진 빛, 우주의 팽창 등을 놀라울 정도로 정확하게 설명합니다. 뉴턴의 법칙을 이용했다면 어느 정도 비슷하게만 설명할 수 있었을 겁니다. 일반상대성이론은 단순히 뉴턴 이론의 정확도를 향상시킨 것만이 아닙니다. 시간과 공간에 대한 우리의 이해를 근본적으로 변화시킨 획기적 이론입니다. 더욱이 시간과 공간의 왜곡을 일으키는 중력파의 존재도 예측했죠.

6장에서는 최근에 나온 블랙홀과 중력파의 관측 결과를 통해 우주가 일반상대성이론에 의해 지배되고 있다는 사실을 알아보겠습니다.

일반상대성이론은 '시간과 공간은 절대적 존재가 아니며, 존재하는 물질의 분포에 따라 끊임없이 변화한다'는 개념에서 출발합니다. 우리가 일반적으로 알고 있는 좌표계를 예로 들어보죠.

대부분은 좌표계를 생각할 때 x축과 y축이 직각을 이루며 교차하는 평면 좌표계를 떠올릴 겁니다(그림 6.1). 이 좌표계는 (x,y) 좌표로, 평면상 임의의 위치를 지정할 수 있습니다. 하지만 실제로는 구불구불하게 휘어진 좌표계도 상상할 수 있습니다. 뉴턴의 법칙은 이러한 전통적인 평면 좌표계를 기반으로 물체의 운동을 설명합니다. 그러나

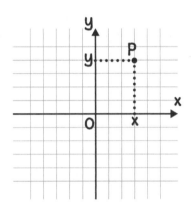

그림 6.1 2차원 평면 위의 좌표계 예시: 데카르트 좌표(x, y)

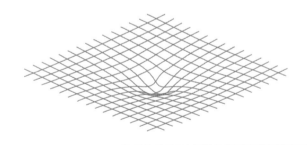

그림 6.2 2차원 곡면 위의 좌표계

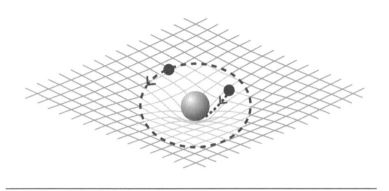

그림 6.3 원접에 둔 물체 때문에 휘어진 공간과 좌표계

일반상대성이론에서는 휘어진 좌표계가 핵심 역할을 합니다. 물체의 존재는 주변 좌표계를 휘어지게 만들며, 이 현상을 '공간의 휘어짐'이라고 표현합니다. 그렇다고 해도 공간이 휘어진다는 말이 쉽게 와닿진 않을 겁니다.

원리적으로는 물질이 공간 내에 어떻게 분포하는지 알면, 일반상대성이론의 기초 방정식인 아인슈타인 방정식을 사용하여 공간이 어떻게 휘어지는지 계산할 수 있습니다. 그러나 이 계산은 물리학자라도 간단한 작업은 아닙니다. 한 가지 비유를 들어 좀 더 직관적이고 쉽게 설명하겠습니다.

아무것도 없는 연못 수면은 거의 평평합니다. 여기에 보트를 살짝 띄우면 보트가 있는 곳, 그리고 보트와 아주 가까운 곳의 수면은 가라앉습니다. 그러면 보트로부터 약간 떨어진 곳의 주변에 떠 있는

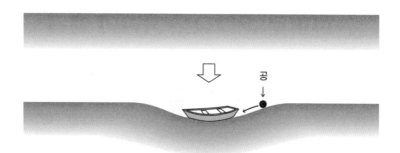

그림 6.4 연못 위에 보트를 띄웠을 때 수면의 변화

물질은, 그림 6.4의 공처럼 가라앉은 보트 근처로 빨려 들어가겠지요.

마찬가지로 그림 6.3과 같이 어떤 물체가 있으면 그 주위의 공간이 휘어집니다. 평면이 신축성 있는 고무로 된 막과 같다고 할 때 그 위에 공을 두면 중심 부분이 늘어나게 될 겁니다.

중력파로 전달되는 공간의 왜곡

그림 6.3을 통해 공간의 왜곡이 어떻게 발생하는지 자세히 살펴보겠습니다. 그림 6.3에서 중앙에 위치한 큰 공 옆에 작은 공을 살짝 놓는다면, 그 공은 큰 공이 만들어낸 골짜기 아래로 굴러 떨어지게 됩니다. 이는 중앙의 큰 공과 작은 공 사이에서 작용하는 인력, 즉 중력의 예입니다. 반면 그림 6.1처럼 평평한 면 위에서는 어느 곳에 공을 놓든 고정된 상태로 움직이지 않을 겁니다. 이는 공간이 휘어짐으로써 중력이 발생하는 원리를 설명해주는 일반상대성이론의 핵심입니다.

중앙에 위치한 공이 무겁다면, 즉 질량이 크다면 그 주변의 공간은 더욱 심하게 휘어지겠죠. 그림 6.3에서 보이는 공간의 왜곡이 커지고, 결과적으로 작은 공에 작용하는 중력도 커질 것이라고 예상할 수 있습니다.

그림 6.3에서는 작은 공을 '살짝 놓는' 상황을 설정했습니다. 그런데 만약 작은 공이 어느 정도의 속도를 가지고 있다면 중앙으로 직접

떨어지지 않고 큰 공의 주위를 회전할 겁니다. 큰 공이 태양이고 작은 공이 지구라고 할 때, 지구가 태양 주위를 공전하는 현상이 설명되죠.

그림 6.4의 연못에 떠 있는 보트의 예로 돌아가겠습니다. 보트가 움직이기 시작하면 그림 6.5처럼 주변의 물은 파동 형태로 주위로 퍼져나갑니다. 그림 6.3의 중심에 있는 큰 공도 정지해 있지 않고 격렬하게 움직일 경우, 그 움직임이 만들어낸 공간의 휘어짐이 중심에서부터 주위로 퍼져나가면서 공간을 왜곡시키죠. 이러한 공간의 왜곡이

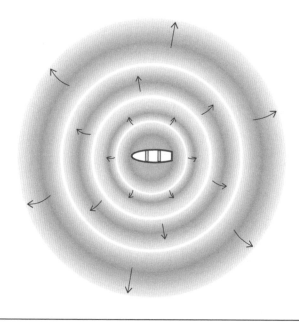

그림 6.5 연못 위에서 보트가 움직일 때 전해지는 파동

멀리 떨어진 곳의 중력에 변화를 주므로 공간의 휘어짐을 전달하는 파동을 '중력파'라고 부릅니다.

중력파가 만들어내는 공간의 왜곡은 상상을 초월할 정도로 미미합니다. 그래서 극한의 측정을 목표로 하는 실험물리학자들에게는 오히려 도전의 영역이었죠. 중력파의 존재 자체가 아직 이론적으로 확립되지 않았던 1950년대, 직접적인 중력파 검출을 시도한 선구자는 미국 메릴랜드대학교의 조지프 웨버1919~2000입니다.

웨버는 메릴랜드대학교로부터 약 1,000킬로미터 떨어진 아곤국립연구소에 길이 1.5미터, 지름이 0.6~1.0미터인 알루미늄 막대 네 개를 설치하여 중력파가 도달하면 이 알루미늄 막대가 진동하는 장치를 개발했습니다. 그런데 지구상의 끊임없는 진동과 외부 잡음으로 인해 알루미늄 막대들은 중력파와 무관하게 항상 일정 수준의 진동을 보였습니다. 그럼에도 1,000킬로미터 떨어진 두 지점에서 동시에 진동이 감지된다면 이는 중력파의 존재를 암시하는 강력한 증거였죠.

웨버는 1969년 5월부터 12월까지 무려 311회에 달하는 동시 진동을 포착했으며, 이를 은하 중심에서 방출된 중력파라고 발표했습니다. 그러나 웨버의 초기 관측 결과는 후속 관측에서는 재현되지 않아 초기에 관찰된 진동은 중력파에 의한 것이 아니었다는 결론이 내려졌습니다.

그럼에도 불구하고 웨버의 발표는 전 세계의 과학자들을 중력파 탐색의 새로운 길로 이끌었습니다. 그중에는 일본의 히라카와 히로마

사1929~1986가 이끄는 연구팀도 포함되어 있었죠. 현재 일본에서 중력파 연구를 이끄는 많은 연구자가 히로마사의 직간접적 제자들입니다.

지금부터는 중성자별과 블랙홀 같은 천체를 통해 중력파의 존재를 탐구해온 과학자들의 노력을 소개하겠습니다.

중성자별의 놀라운 비밀

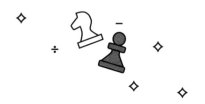

지구상의 모든 물질은 원자로 이루어져 있고, 이 원자들은 태양계와 유사한 구조를 지닙니다. 간단히 말해 원자핵은 중심에 위치하고 그 주변을 전자들이 돌고 있는 형태입니다. 원래는 양자역학을 통해 복잡한 원자의 세계를 기술해야 하지만, 우리의 직관으로는 그 모습을 정확히 떠올리기 어렵습니다. 여기서는 그림 6.6의 기본적인 이미지만으로 이해해도 충분합니다.

원자의 크기는 대략 1억분의 1센티미터이며, 그 중심에 자리 잡은 원자핵의 크기는 더욱 작아서 원자의 10만분의 1에 불과합니다. 원자핵은 플러스(+) 전하를 띠는 양성자와 전기적으로 중성인, 전하를 갖지 않는 중성자로 구성되어 있습니다.

중성자의 존재를 처음 제안한 사람은 뉴질랜드의 실험물리학자 어니스트 러더퍼드1871~1937입니다. 그리고 그의 제자인 영국의 물리학자 제임스 채드윅1891~1974이 1932년에 중성자의 존재를 실험으로 입증했죠. 채드윅은 중성자를 발견한 공로로 1935년 노벨 물리학상을

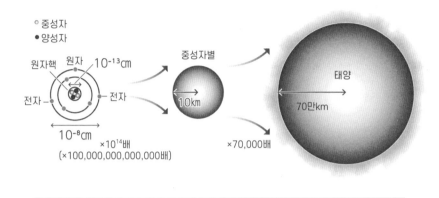

그림 6.6 원자와 중성자별, 그리고 태양의 크기 비교

수상했습니다.

일반적인 원자핵은 최대 수십 개 정도의 중성자로 구성되어 있습니다. 채드윅이 중성자를 발견한 다음 해, 구소련과 미국의 물리학자들은 중성자로만 이루어진 별인 중성자별의 존재 가능성을 이론적으로 연구하기 시작했습니다.

중성자별의 질량은 태양 질량의 약 1.4배에서 2.8배이지만 크기는 고작 10킬로미터입니다. 이는 태양 반지름의 7만분의 1에 해당합니다. 중성자별은 일반적인 원자 크기의 10^{14}배 정도 큰 원자핵입니다(그림 6.6). 크기가 아주 작기 때문에 밀도가 매우 높은 중성자별은 그 성분을 한 스푼만큼만 떠도 무게가 약 10억 톤이나 될 정도로 엄청납니다.

　이런 중성자별의 성질을 보면 SF 소설에나 등장할 법한 천체라서 현실적으로 존재한다고 생각하기 어려웠습니다. 하지만 중성자별의 존재를 제안한 과학자들이 물리학 분야에서 상당한 명성을 가진 덕분에 이론적으로 많은 관심을 받았습니다.

우주에서 온 신호, 지구 밖 생명이 보낸 걸까

1967년 11월 28일, 케임브리지대학교의 앤서니 휴이시1924~2021와 대학원생 조슬린 벨 버넬1943~은 전파망원경으로 이상한 전파 신호를 포착했습니다. 요즘은 천문학 관측 데이터가 컴퓨터를 통해 처리되고 시각화되지만, 당시에는 수신된 신호의 세기를 종이에 직접 아날로그 방식으로 기록했습니다. 다음에 나오는 그림 6.7은 당시의 기록을 보여주는 그래프입니다.

이 그래프에서 수신된 전파 신호는 종이 위에 곡선으로 표현되고 가로축은 시간을, 세로축은 아래로 갈수록 강한 신호의 세기를 나타냅니다. 아래 가로축의 눈금은 1초 간격인데, 전체는 약 20초 동안 관측한 데이터입니다. 그래프에서는 주기적으로 나타나는 전파 신호가 약 1.4초 간격으로 반복되고 있음을 확인할 수 있습니다. 이 신호의 주기는 나중에 그 정확도가 100억분의 1초까지 일정하다는 게 확인되었습니다.

당시 과학자들은 규칙적이면서 정확한 신호를 보내는 천체의 정

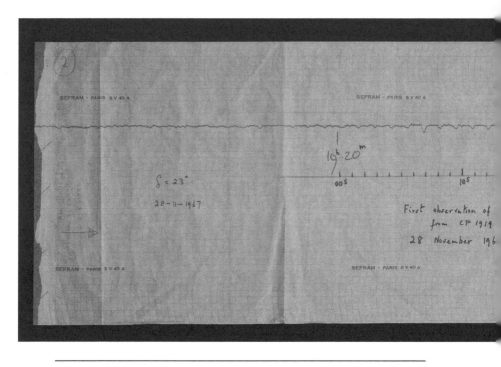

그림 6.7 휴이시와 벨이 전파망원경으로 관측한 전파 펄스 신호

체를 파악하지 못했습니다. 정확한 주기성 때문에 일부는 이 신호가 지구 밖 고도 문명의 산물일지도 모른다고 추측했죠. 심지어 신호를 보낸 것으로 여기던 천체에게 작은 외계인을 의미하는 LGM−1Litle Green Men-1이라는 이름을 붙였습니다.

이후 연구를 통해 이 신호가 중성자별이 매우 빠르게 자전하여 발생하는 전파인 펄스Pulse로 밝혀졌습니다. 한 달에 한 번씩 자전하는 태양이나 하루에 한 번 자전하는 지구가 1.4초라는 빠른 주기로 자

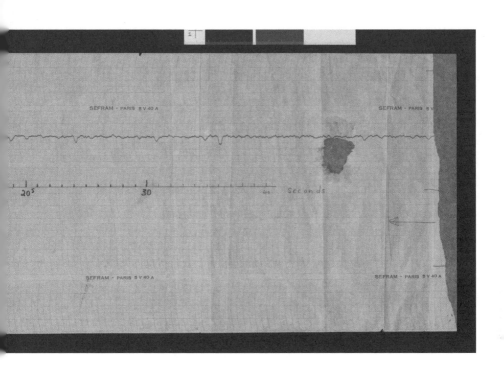

전한다면 너무나 강한 원심력 때문에 파괴될 겁니다. 그러나 중성자
별은 그렇게 빠른 속도로 자전하는 것을 견딜 수 있을 정도로 높은 밀
도를 가지고 있습니다. 중성자별이 매우 빠른 속도의 자전을 견딜 수
있는 유일한 천체임을 설명하는 특성이죠.

이후 LGM-1은 PSR B1919+21이라는 새로운 이름을 얻었습니다.
주기적으로 신호를 나타내는 중성자별을 펄서Pulsar라고 부르는데, 영
어 약자 PSR과 천구에서의 천체 좌표를 조합한 이름입니다. 현재까지

약 2,000여 개의 펄서가 발견되었으며, 펄서는 천문학에서 중요한 의미를 지닌 천체로 확고히 자리 잡았습니다.

펄서를 발견한 공로를 인정받아 휴이시는 1974년에 노벨 물리학상을 수상했습니다. 그러나 공동 연구자였던 버넬은 수상에서 제외되었는데, 당시 버넬이 여성이자 학생이었다는 이유로 불공정한 대우를 받았다는 논란을 일으키며 오랜 기간 논쟁이 되었습니다.

쌍성 펄서에서 찾은 중력파

원자핵이 눈에 보이지 않을 정도(10조분의 1센티미터)로 작은 크기에서 시작해, 10킬로미터에 이르는 거대한 중성자별의 형태로 존재하는 것은 미시 세계와 거시 세계가 어떻게 연결되며, 그 사이를 연결하는 보편적인 물리법칙이 존재한다는 것을 보여주는 좋은 사례입니다.

미국 매사추세츠공과대학교MIT의 조지프 테일러1941~와 대학원생 러셀 헐스1950~는 푸에르토리코의 아레시보 전파망원경을 이용해 펄서들을 관측했습니다. 특히 1974년에는 59밀리초ms 주기로 자전하는 새로운 펄서 PSR B1913+16을 발견했죠. 새롭게 발견된 펄서는 휴이시와 버넬이 발견한 펄서보다 자전 속도가 약 20배나 빨랐습니다.

이 펄서는 펄스 신호의 도착 시간이 7.75시간 주기로 변했는데, 발견된 펄서가 다른 중성자별(펄스를 내지 않으므로 펄서는 아닙니다)과 쌍성계를 이루고 있었기 때문입니다. 중력의 작용으로 공동의 무게 중심 주위를 일정한 주기로 공전하는 두 개의 항성을 '쌍성'이라고 하고, 이 두 개의 항성으로 이루어진 계를 '쌍성계'라고 합니다. 펄스 신

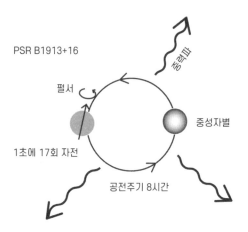

PSR B1913+16

펄서

중력파

중성자별

1초에 17회 자전

공전주기 8시간

1년 지나면 공전주기가 0.0000765초만큼 짧아진다(공전 반지름이 1년에 3.5m만큼 짧아진다).

그림 6.8 쌍성 펄서로부터 나오는 중력파

호의 도착 시간이 7.75시간 주기로 변했던 이유는 이 쌍성을 이루는 중성자별이 서로를 공전하는 데 걸리는 시간 때문이었죠. 이렇게 해서 최초로 '쌍성 펄서'가 발견되었습니다.

그림 6.5 연못 위 보트의 예처럼 무거운 천체가 격렬히 움직이면 그 지점으로부터 중력파가 방출됩니다. 태양과 거의 같은 질량을 갖는 두 중성자별이 매우 짧은 주기로 서로 공전한다는 것은 굉장히 무거운 천체가 격렬한 운동을 한다는 뜻이고, 이 쌍성계는 중력파를 방출할 수 있습니다. 하지만 중력파도 에너지이기 때문에 두 중성자별

이 엄청나게 빠른 속도로 서로를 공전하면서 중력파를 방출하면 에너지를 잃게 됩니다. 일반상대성이론에 따르면, 중력파를 방출함으로써 에너지를 잃는 쌍성계는 그 운동이 변해야 합니다. 일반상대성이론의 기초 방정식을 사용해 계산했더니 이 쌍성계의 공전 반지름은 매년 3.5미터씩 줄고, 그 결과 공전주기 또한 매년 76.5마이크로초µs씩 줄 것으로 예측되었습니다.

테일러와 헐스는 무려 20년 가까이 이 쌍성 펄서를 관측했습니다. 결국 쌍성 펄서의 공전주기가 일반상대성이론이 예측한 대로 변하는 미세한 차이를 측정하는 데 성공했습니다. 중력파의 존재를 간접적으로 입증한 거죠. 이 공로로 두 사람은 1993년 노벨 물리학상을 수상합니다.

두 중성자별이 약 8시간 주기로 서로를 공전하며, 그 주기가 매년 76.5마이크로초씩 감소한다는 사실을 일반상대성이론은 정확하게 예측했습니다. 일반상대성이론의 기초 공식이 얼마나 정확하고 신뢰성이 높은지를 증명하는 예입니다. 그리고 우주가 수학을 기반으로 움직이고 있다는 것을 이해할 수 있는 예이기도 합니다.

일반상대성이론,
블랙홀의 존재를 예측하다

블랙홀은 일반상대성이론으로 예측한 천체 가운데 가장 흥미로 운 천체입니다. 블랙홀의 존재 가능성은 아인슈타인의 방정식을 사용 해 수학적으로 유도할 수 있습니다. 그런데 놀랍게도 블랙홀의 존재 를 수학적으로 처음 유도한 사람은 아인슈타인이 아니라 독일의 천문 학자 카를 슈바르츠실트1873~1916입니다.

1914년 제1차 세계대전이 시작되었을 때 슈바르츠실트는 독일 육 군에 자원 입대했습니다. 1915년 일반상대성이론이 발표되자, 그는 러시아에서 군 복무를 하던 중 이론에 매료되어 아인슈타인에게 중요 한 발견을 알리는 편지를 보냈습니다. 이 발견이 블랙홀 연구의 기초 가 된 '슈바르츠실트 해'입니다.

아인슈타인이 일반상대성이론을 이용하여 수성의 근일점 이동을 설명한 논문을 발표했던 1915년 11월 18일, 휴가를 나온 슈바르츠실트 도 청중으로 참석했습니다. 당시 이론의 기초 방정식을 두고 다비트 힐베르트와 누가 먼저 발견했는지에 대한 논쟁이 있었지만, 슈바르츠실트는 아인슈타인의 이론에 깊이 감명 받았고 나중에 블랙홀로 불리게 되는 독특한 해를 발견했습니다.

아인슈타인은 일반상대성이론의 복잡한 기초 방정식에 정확한 해가 존재할 것이라고 전혀 예상하지 못했습니다. 슈바르츠실트의 발견에 크게 놀란 아인슈타인은 독일 아카데미에 그의 논문을 대신 제출했습니다. 논문 발표 4개월 후인 1916년 5월 11일, 슈바르츠실트는 병으로 세상을 떠났습니다.

전쟁의 최전선에서도 천체물리학 연구를 멈추지 않은 슈바르츠실트의 탁월한 재능과 강인한 의지는 대단히 인상적입니다. 그의 아들 마틴 슈바르츠실트[1912~1997]는 1936년에 미국으로 이주해 프린스턴 대학교의 교수가 되었고, 별의 구조와 진화에 관한 중요한 연구를 하여 뛰어난 업적을 많이 남겼습니다. 성격도 호탕하고 쾌활한 성격 덕분에 모두에게 사랑받았죠.

참고로 '블랙홀'이라는 용어는 미국의 이론물리학자 존 아치볼드 휠러[1911~2008]가 사용하면서 널리 퍼졌습니다. 블랙홀이나 빅뱅 이론처럼 복잡한 물리학 개념에 매력적이고 직관적으로 이해하기 쉬운 이름을 붙이는 것은 매우 중요합니다.

블랙홀, 수학이 먼저 예측한 보이지 않는 존재

슈바르츠실트가 발견한 블랙홀은 빛조차 탈출할 수 없는 강력한 중력의 영역을 의미합니다. 이 개념을 쉽게 설명하기 위해 그림 6.9와 같이 지구에서 공을 하늘로 던지는 상황을 예로 들겠습니다.

일반적으로 하늘로 던진 공은 중력의 영향을 받아 지면으로 떨어집니다. 그런데 공의 속도가 충분히 크다면 지구 밖으로 나갈 수 있겠죠. 인공위성이 지구의 중력을 극복하고 대기권 밖으로 나갈 수 있는 이유입니다.

지구보다 중력이 더 강한 천체에서는 어떤 물체가 천체 밖으로 나가려면 훨씬 빠른 속도가 필요합니다. 그러나 아무리 빠른 속도라도 빛의 속도를 넘을 수는 없죠. 따라서 빛의 속도로도 탈출할 수 없을 정도로 중력이 강한 천체는 그 어떤 것도 탈출할 수 없는 영역, 즉 블랙홀이 됩니다. 앞서 언급한 슈바르츠실트 해는 바로 이렇게 빛조차 탈출이 불가능한 영역을 뜻하고, 이 영역을 관측하는 사람에게 마치 검은 구멍처럼 보이는 데서 블랙홀이라는 이름이 나왔습니다.

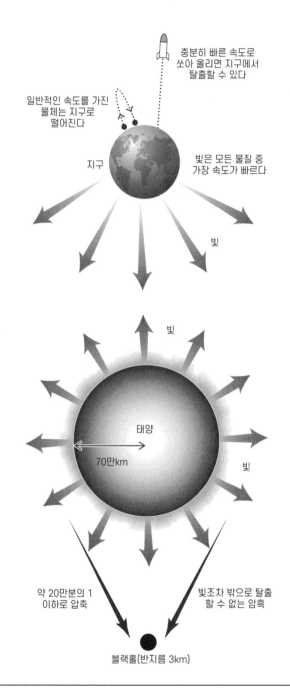

충분히 빠른 속도로
쏘아 올리면 지구에서
탈출할 수 있다

일반적인 속도를 가진
물체는 지구로
떨어진다

지구

빛은 모든 물질 중
가장 속도가 빠르다

빛

빛

태양

70만km

빛

약 20만분의 1
이하로 압축

빛조차 밖으로 탈출
할 수 없는 암흑

블랙홀(반지름 3km)

그림 6.9 빛조차 탈출할 수 없는 블랙홀

이렇게 임의의 물체가 빛조차 탈출시키지 못할 정도로 강한 중력을 가지는 최소한의 반지름을 '슈바르츠실트 반지름'이라고 부릅니다. 슈바르츠실트 반지름의 존재가 실재하는 어떤 물질이 그 위치에 있다는 의미는 아닙니다. 오히려 이 반지름 안쪽의 질량은 매우 작은 중심 부근(특이점)에 집중되어 있을 것으로 예상됩니다. 슈바르츠실트 반지름의 외부에서는 내부 구조를 볼 수 없으므로 블랙홀의 실제 내부 모습은 여전히 미지의 영역으로 남아 있습니다.

태양의 질량(약 2×10^{33}그램)을 가진 천체의 경우 슈바르츠실트 반지름은 대략 3킬로미터입니다. 태양의 실제 반지름이 약 70만킬로미터라는 것을 고려하면, 태양 전체를 20만분의 1 이하의 크기로 압축해야 하죠. 일반적인 중성자별 반지름인 10킬로미터의 3분의 1에도 미치지 못하는 크기입니다. 이러한 상황은 상상하기도 어려울 정도로 비현실적입니다. 심지어 아인슈타인도 슈바르츠실트가 발견한 블랙홀이 단지 수학적 해에 지나지 않는다고 여겼으며, 실제로 우주에 존재할 것이라고는 생각하지 않았던 것으로 보입니다.

우주에서 가장 밝은 존재

　한때는 실존하지 않을 것이라고 생각했던 블랙홀이 현재는 천문학의 핵심적인 연구 대상으로 자리 잡았습니다.

　블랙홀 자체가 빛을 내지는 못하지만, 주변 물질을 끌어당기는 강력한 중력 때문에 관측이 가능합니다. 블랙홀의 강한 중력으로 인해 물질들은 슈바르츠실트 반지름 바깥쪽에서 엄청난 에너지를 방출하는데, 바로 이 에너지가 내뿜는 빛을 관측할 수 있는 겁니다.

　1964년 백조자리 X-1이 처음으로 블랙홀의 후보로 지목되었습니다. 이 천체는 태양 질량의 20배인 청색 초거성 주위를 도는 블랙홀로, 태양 질량의 15배로 추정됩니다. 블랙홀과 청색 초거성은 서로를 공전하는 쌍성계입니다. 청색 초거성에서 블랙홀로 흘러들어 가는 가스가 고온 상태에서 강한 X선을 방출하며 빛나는 현상으로 알려져 있죠.

　최근 연구에 따르면, 우리은하를 포함한 대부분의 은하 중심에는 태양 질량의 수십만 배에서 수백만 배에 달하는 초대질량 블랙홀이

그림 6.10 블랙홀은 밝다!

그림 6.11 하지만 역시 블랙홀은 검은 구멍이었다

존재하는 것으로 밝혀졌습니다. 퀘이사Quasar는 우주에서 가장 밝은 천체 중 하나입니다. 퀘이사가 밝게 빛나는 이유는 외부은하 중심에 있는 초대질량 블랙홀 근처의 물질과 가스가 초대질량 블랙홀 주위로 모이면서 대량의 에너지를 방출하기 때문입니다. 블랙홀 자체는 빛조차 탈출할 수 없으므로 보이지 않는 천체입니다. 그러나 블랙홀의 중력에 영향을 받아 에너지를 방출하는 영역은 우주에서 가장 밝은 천체 중 하나입니다.

2019년 4월 10일은 천문학 역사에서 중요한 날로 기록되었습니다. 이날 사건의 지평선 망원경Event Horizon Telescope, EHT 공동 연구팀이 타원은하 M87의 중심에 위치한 초거대 블랙홀의 첫 이미지를, 전 세계에 있는 전파망원경을 연결해 촬영했습니다. '사건의 지평선'은 슈바르츠실트 반지름의 다른 표현으로, 빛조차 탈출할 수 없는 블랙홀의 경계를 의미합니다.

그림 6.11에서 중심의 어두운 부분은 대략적인 블랙홀 영역을 나타냅니다. 이 영역은 슈바르츠실트 반지름의 약 3배 정도로 블랙홀 자체가 아니라 '블랙홀의 그림자'라고 부르는 영역입니다. 또한 블랙홀 주위를 둘러싼 밝은 고리는 블랙홀의 강력한 중력에 의해 열을 발산하는 가스와 물질이 만들어내는 빛의 다발이죠.

이 놀라운 관측 결과는 블랙홀이라는 추상적 개념을 시각적으로 구체화시켜주었습니다. 블랙홀이 검은 구멍이라는 이미지를 과학적으로 입증한, 예술적이면서도 과학적인 성과라고 할 수 있습니다.

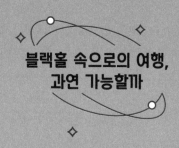

**블랙홀 속으로의 여행,
과연 가능할까**

Q.

과연 인류가 블랙홀에 도달할 수 있을까요? 만약 실제로 블랙홀에 사람이 들어간다면 어떤 일이 벌어질까요?

참으로 대담한 상상이네요. 과학적 호기심이 담긴 흥미로운 질문이에요. 자 블랙홀로 직진하는 사람을 생각해볼까요?

블랙홀의 강력한 중력은 사람을 블랙홀로 끌어당기고 이때 사람의 몸은 늘어날 겁니다. 태양 질량 크기의 블랙홀에 들어간다면, 그 중력이 매우 커서 사람은 순식간에 산산조각 나겠죠. 하지만 태양 질량의 100만 배 크기의 초거대 블랙홀에서는 오히려 이런 현상이 약화되어 사람은 블랙홀 내부로 조용히 빨려 들어가게 됩니다. 워낙 거대해서 블랙홀의 중심부까지의 거리, 즉 슈바르츠실트 반지름이 엄청 크기 때문이죠. 따라서 의외로 큰 블랙홀일수록 서서히 빨려 들어가게 되는 현상이 발생합니다.

블랙홀 안쪽으로 다이빙하고 싶은 용기 있는 분이 있다면, 태양과 같은 질량 정도의 블랙홀 말고 훨씬 큰 초거대 블랙홀을 선택하세요. 그렇다고 해도 블랙홀 안으로 한 번 들어가면 절대 원래 세상으로 돌아올 수는 없습니다. 바깥 세계와 완전히 격리되기 때문에 블랙홀 안에 있는 사람은 외부에서 볼 때 사라진 것과 같습니다. 그러니까 블랙홀로의 여행은 정말 위험하고 가능하면 피하는 것이 현명하겠죠?

마지막으로 상상만으로도 즐거운 이야기를 하나 더 해보겠습니다. 어떤 면에서 우리는 이미 블랙홀 안에 살고 있다고 볼 수도 있어요. 질량이 있는 모든 영역에는 슈바르츠실트 반지름이 정해져 있습니다. 이 반지름보다 멀리 있는 관측자에게는 슈바르츠실트 반지름 안쪽 영역이 블랙홀처럼 보일 수 있죠. 여러분의 상식과 다르게 블랙홀이 반드시 밀도가 높을 필요는 없습니다. 현재 우주의 밀도로 계산해보면 우리로부터 약 100억 광년 이상 떨어진 관측자에게 우리가 있는 우주의 내부는 보이지 않습니다. 다시 말해 블랙홀처럼 보인다는 말입니다.

그림 5.2와 5.3에서 138억 광년 이상 떨어진 곳은 관측할 수 없으며, 우주의 지평선 너머의 공간이라고 설명했습니다. 그 너머는 관측할 수 없을 뿐 우리처럼 우주가 계속 펼쳐져 있을 겁니다. 그리고 138억 광년 이상 떨어진 관측자에게 우리 지역은 보이지 않죠. 블랙홀의 슈바르츠실트 반지름 안쪽을 보는 것과 마찬가지입니다.

일반적인 블랙홀과는 다르게 우리가 사는 우주의 슈바르츠실트 반지름은 우주의 나이가 들수록 점점 커지고 있고, 이는 우주의 지평선 반지름과 일치합니다. 따라서 블랙홀에는 다양한 가능성이 존재하며, 반드시 위험한 것만은 아닙니다. 실제 블랙홀 속 광경이 우리에게 몹시 친숙한 풍경이라고 해도 전혀 이상할 것이 없답니다.

지상에서 검출한 중력파

일반상대성이론은 중력파의 존재를 예측했고, 쌍성 펄서 관측을 통해 간접적으로 그 존재를 확인했습니다. 하지만 천문학자와 물리학자의 도전은 여기서 멈추지 않았습니다. 아주 오랫동안 지상에서 중력파를 직접 검출하려는 꿈을 키워왔죠. 중력파를 지상에서 탐지할 수 있다면 우주에 대해 알려지지 않은 새로운 현상을 밝히는 새로운 창을 열게 됩니다.

중력파 신호는 너무 미약해서 포착하려면 최첨단 측정 기술이 필요합니다. 중력파는 천문학자에게는 우주를 관측하는 새로운 눈, 물리학자에게는 일반상대성이론을 검증하기 위한 도구입니다. 하지만 중력파로 발생하는 공간의 왜곡은 상상하기 어려울 정도로 작습니다. 중력파의 세기는 h라는 변수로 나타내며, 중력파가 거리 L 사이를 통과할 때 공간이 h×L만큼 변한다고 표기합니다. 2015년 처음 검출된 중력파는 $h=10^{-21}$ 정도의 세기였습니다. 이는 원래 길이의 1조분의 1의 10억분의 1만큼 변했다는 뜻이죠.

앞서 말한 세기의 중력파가 태양계를 통과하면, 그 중력파로 인해 지구와 태양 사이의 거리는 원자 하나의 크기만큼 변하고 지구의 지름도 원자핵 10개(10^{-14}미터)의 크기만큼 변합니다. 즉 변화가 없다고 해도 될 만큼 극도로 작은 변화입니다.

조지프 테일러와 러셀 헐스가 발견한 쌍성 펄서는 중력파를 방출하며 서서히 가까워지다가 앞으로 3억 년 후에는 합체하면서 방대한 에너지를 방출할 것으로 예상됩니다. 지구에서 이 중력파를 관측하게 된다면 h=10^{-18} 세기가 될 거고요. 이는 2015년 발견된 중력파의 세기보다 1,000배나 크므로 충분히 검출할 수 있습니다. 그렇다고 3억 년을 기다릴 수는 없기에 더 멀리 있는 은하에서 현재 진행 중인 쌍성 중성자별의 충돌을 관측해야 합니다. 이때 중력파를 검출하기 위해 필요한 세기는 대략 h=10^{-21}로 추정됩니다. 이 목표를 달성하기 위한 연구가 진행되었고 마침내 그 목표가 실현되는 순간이 도래했죠.

13억 광년 떨어진
블랙홀로부터 온 중력파

인류 역사상 최초로 감지된 중력파, GW150914는 이름에서도 알 수 있듯이 2015년 9월 14일 지구에 도달했습니다. 이 신호는 13억 년 전 먼 우주에서 발생한 블랙홀의 충돌로 생성되었죠. 이 중요한 발견이 가능했던 것은 라이고Laser Interferometer Gravitational-wave Observatory, LIGO(레이저간섭계 중력파관측소) 덕분입니다. 라이고는 서로 3,000킬로

그림 6.12 3,000킬로미터 떨어진 라이고의 두 관측 시설

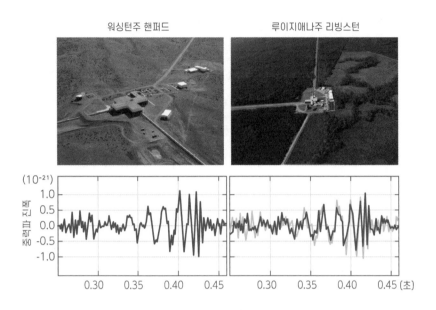

약 3,000km 떨어진 두 관측소에서 2015년 9월 14일 거의 동시에 검출된 중력
파 신호의 시간 변화(오른쪽 그래프에는 왼쪽 신호를 적절히 보정하여 함께 보여준다)

**그림 6.13 한국 시각으로 2015년 9월 14일, 18시 50분 45초에 도달한
중력파 신호**

미터 떨어진 미국 워싱턴주 핸퍼드와 루이지애나주 리빙스턴에 설치
된 실험 관측소입니다.

관측소는 각각 4킬로미터 길이의 L자형 팔을 가진 장치를 설치해
중력파가 지나가며 일으키는 미묘한 길이 변화를 레이저로 정밀하게
측정합니다. 장치 자체의 잡음이나 지진 등 여러 변수를 고려해 두 관

측소에서 동시에 유사한 패턴을 감지하죠.

인류가 처음으로 직접 감지한 중력파 신호는 그림 6.13의 아래쪽에 있습니다. 이 그래프는 두 관측소 장치의 길이 변화를 관찰해서 검출한 중력파의 진폭 h를 시간 함수로 표현한 것입니다. 물론 앞서 말한 중력파 이외의 잡음도 모두 고려했습니다. 그림 6.13에서는 주기적인 신호 변동과 함께 그 주기가 점차 짧아지는 현상을 관찰할 수 있습니다. 0.42초를 넘어서면 갑자기 신호가 약해지는데, 두 천체가 충돌하여 하나가 되었음을 보여주는 신호입니다. 일반상대성이론을 기반으로 한 수치 시뮬레이션을 통해 얻은, 중력파 신호의 이론적 예측은 그림 6.14에서 확인할 수 있습니다.

초기에는 이 중력파 신호가 두 중성자별의 충돌에서 나온 것으로 추정되었지만, 실제로는 태양 질량의 약 30배에 달하는 거대한 천체들의 충돌로 밝혀졌습니다. 중성자별의 질량이 태양 질량의 약 3배 이하라는 걸 고려해서 이 천체들은 중성자별이 아닌 '쌍성 블랙홀'이라고 결론지었습니다. 이는 사상 최초로 검출된 중력파가 곧 사상 최초로 쌍성 블랙홀을 발견한 역사적 순간이 되었죠.

2015년 검출된 중력파 신호는 지구에서 13억 광년 떨어진 곳에서 발생했습니다. 이를 통해 각각 태양 질량의 29배, 36배인 두 개의 블랙홀이 서로 공전하다가 충돌해서 하나의 블랙홀을 형성한 것으로 밝혀졌습니다. 두 블랙홀의 충돌 과정에서 방출된 중력파는 이례적으로 강렬했죠.

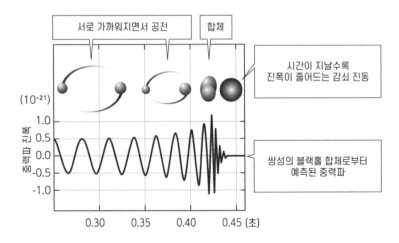

이번에 얻은 신호는 태양 질량의 29배와 36배 질량을 갖는 블랙홀 쌍성이 중력파를 방출하면서 충돌하여, 최종적으로는 태양 질량의 62배인 블랙홀이 되는 모델과 딱 맞아떨어집니다.

그림 6.14 그림 6.13의 데이터로 추정한 GW150914의 예측 모델

쌍성 블랙홀이 서로를 공전할 때 방출되는 중력파는 일정하지만, 너무 약해 감지하기 어렵습니다. 계속되는 중력파의 방출로 인해 쌍성 블랙홀은 에너지를 잃으며 서서히 가까워졌고, 그 결과 공전주기가 짧아졌습니다. 그러다 마침내 불과 1초 미만의 시간 동안 이루어진 충돌 과정에서 막대한 중력파가 방출되었고, 이후 태양 질량의 62배가 되는 안정된 상태의 블랙홀이 형성되었습니다. 중력파를 관심 있게 지켜보고 좋아하는 사람들에게는 '29+36=62'라는 방정식도 의

미 있지 않을까요?

이처럼 질량이 매우 큰 쌍성 블랙홀의 충돌은 순식간에 태양의 3배 질량에 해당하는 에너지를 방출했습니다. 이 방출된 에너지가 바로 13억 년 후 지구에 도달해 검출된 중력파입니다. 쌍성 블랙홀이 충돌하면서 태양이 수십억 년 동안 방출하는 에너지의 1,000배 이상의 에너지를 불과 0.1초 미만이라는 짧은 시간, 말 그대로 순식간에 중력파의 형태로 방출한 것입니다.

대부분의 천문학자는 이런 초대질량 쌍성 블랙홀의 충돌 현상이 일어날 확률이 낮다고 여겼습니다. 그러나 역시 우주와 천체 현상은 인간의 상상력을 훨씬 뛰어넘는다는 것을 실감하게 됩니다. 게다가 이 충돌은 우주와 천체 현상이 우리가 알고 있는 물리법칙에 부합해 나타난다는 것을 입증하는 계기가 되었습니다.

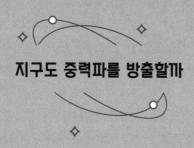

지구도 중력파를 방출할까

Q.
지구도 중력파를 방출하고 있을까요?

중력파는 서로 공전하는 천체라면 그 어떤 천체에서도 발생합니다. 지구 역시 태양 주위를 공전하는 과정에서 중력파를 방출하고 있지요. 다만 그 크기는 굉장히 작습니다. 지구와 태양이 중력파로 인해 충돌하는 시기는 현재 우주 나이의 약 10조 배 후인 10^{23}년 후가 될 겁니다. 그러나 그렇게 되기도 전인 약 50억 년 후에 태양은 적색 거성 단계가 되어 지구를 삼켜버릴 것으로 예측하고 있습니다.

Q.
중력파를 방출하면서 천체는 에너지를 잃는다고 했는데, 애초에 중력은 총량이 정해져 있나요? 별이 존재하는 한 중력은 영원히 그 자리에 있다고만 생각했어요.

말씀하신 것처럼 질량이 존재하는 한 중력에너지는 완전히 0이 되지 않습니다. 중력파 방출은 그 에너지의 일부만 잃는 과정입니다. '29+36=62 발견!'이라는 표현은 두 블랙홀의 충돌로 방출된 에너지의 양을 설명하기 위함이죠.

질량은 본질적으로 에너지와 같습니다. 이 사실을 가장 잘 보여주는 방정식이 그 유명한 아인슈타인의 $E=mc^2$(에너지=질량×광속의 제곱)이죠. 따라서 태양 질량의 29배와 36배에 해당하는 에너지를 가진 두 블랙홀이 충돌하여 태양 질량의 62배가 되었을 때, 그 차이인 태양 질량의 3배에 해당하는 에너지가 중력파로 방출된 것입니다.

태양이 약 100억 년 동안 빛으로 방출하는 에너지는 태양 질량의 0.1퍼센트입니다. 우리 태양이 100억 년에 걸쳐 빛으로 방출하는 에너지의 1,000배가 넘는 에너지가 겨우 0.1초 정도 사이에 중력파로 방출되었으니 막대한 양이죠.

Q.
중력파와 같이 약한 에너지를 어떻게 정밀하게 측정할 수 있는 건가요?

중력파는 단순한 과학적 원리를 이용해 측정합니다. 라이고에서는 웨버가 제안한 알루미늄 막대의 진동을 측정하는 게 아니라 레이저간섭계를 이용합니다.

그림 6.15와 같이 레이저 광원에서 나온 빛은 빔beam분할기를 통해 서로 직교한 두 방향으로 나뉘어 L자형 팔의 반대쪽 끝에 있는 반사경으로 향합니다. 레이저 빛이 파동의 성질을 가지고 있기 때문에 두 빛의 파동이 합쳐지면 간섭 현상이 발생합니다. 그래서 중력파가 없는 경우 두 빛이 상쇄되어 없어지므로 광검출기에서 검출되지 않죠. 하지만 중력파가 지구에 도달하면 팔 길이에 미묘한 변화가 일어납니다. 지면에 수직 방향으로 중력파가 도달하면 진폭 h만큼 한쪽 팔은 늘어나고 다른 쪽 팔은 줄어들게 됩니다. 이렇게 팔 길이에 차이가 생기면 두 빛은 더 이상 상쇄되지 않고 광검출기에서 신호로 포착됩니다.

이 방법은 정밀 측정이 필요한 여러 분야에서 널리 사용되고 있습니다.

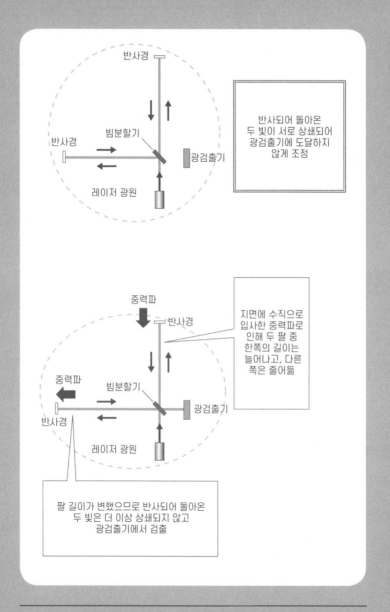

반사경

반사되어 돌아온
두 빛이 서로 상쇄되어
광검출기에 도달하지
않게 조정

빔분할기

반사경

광검출기

레이저 광원

중력파

반사경

지면에 수직으로
입사한 중력파로
인해 두 팔 중
한쪽의 길이는
늘어나고, 다른
쪽은 줄어듦

중력파

빔분할기

반사경

광검출기

레이저 광원

팔 길이가 변했으므로 반사되어 돌아온
두 빛은 더 이상 상쇄되지 않고
광검출기에서 검출

그림 6.15 레이저간섭계로 중력파를 검출하는 원리

1970년대에 미국의 물리학자 라이너 바이스[1932~]의 제안으로 레이저 간섭계를 중력파 검출기에 적용하기 시작했죠. 바이스는 중력파를 검출한 공로로 2017년 노벨 물리학상을 수상한 세 명 중 한 명입니다. 초기에는 수 킬로미터나 되는 거리 차이를 10^{-21}이라는 정밀도로 측정하는 것은 불가능하다고 생각했지만, 실험물리학자들의 신념과 정열, 노력 끝에 이 기술을 현실화했습니다.

물리법칙이 예언하는 현상은 반드시 일어난다

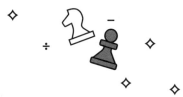

쌍성 블랙홀에서 발생한 중력파, GW150914를 발견하기 전에 예측했던 쌍성 중성자별의 충돌로 인한 중력파는 어떻게 되었을까요?

GW150914의 발견은 중성자별과는 비교할 수 없을 정도로 엄청난 질량, 태양 질량의 약 30배에 달하는 쌍성 블랙홀의 존재를 밝혀냈습니다. 이는 곧 태양 질량의 약 3배 이하인 쌍성 중성자별 충돌에서 발생하는 중력파의 세기는 GW150914의 약 1,000분의 1이라는 뜻입니다. 따라서 중력파를 측정하려면 GW150914보다 훨씬 가까운 거리에서 일어나는 쌍성 중성자별의 충돌을 기다릴 수밖에 없었죠.

2017년 8월 17일, 이 기다림이 보상받았습니다. 쌍성 중성자별 충돌에 의한 중력파 신호인 GW170817이 검출된 것입니다. 이 성과의 결과는 2017년 10월 16일에 발표되었습니다. GW150914 발견에 결정적으로 공헌한 MIT의 라이너 바이스 명예교수, 캘리포니아공과대학교Caltech의 배리 배리시1936~ 명예교수와 킵 손1940~ 명예교수가 노벨 물리학상 수상자로 선정된 지 10일 뒤였습니다.

쌍성 중성자별 충돌의 증거인 GW170817은 망원경으로 관측할 수 있습니다. 전 세계 70여 곳 이상의 천문대가 일제히 그 방향을 관측하여 감마선부터 X선, 자외선, 가시광선, 적외선, 전파에 걸친 넓은 파장대의 신호를 검출하는 데 성공했습니다.

이 발견은 천문학 전반에 큰 파급 효과를 일으켰습니다. 관측을 통해 지상에 존재하는 대부분의 희귀 금속이 쌍성 중성자별의 충돌로 생성되었을 가능성을 보여준 겁니다. 우리 몸을 구성하는 탄소 같은 원소들은 별의 중심에서 생성된 후 별의 진화 과정을 통해 우주 공간으로 퍼져나갔습니다. 그런데 금이나 백금 같은 철보다 무거운 금속의 생성 경로는 그동안 명확히 알려지지 않았습니다. GW170817은 쌍성 중성자별의 충돌이 이러한 무거운 원소를 형성하는 주요한 우주 연금술의 현장일 수 있다는 새로운 관점을 보여주었죠.

여러분이 금으로 만들어진 무언가를 가지고 있다면, 그 금은 오래전 우주 어딘가에서 일어난 쌍성 중성자별의 충돌 과정에서 생성되었을 겁니다. 이러한 귀한 금속들은 우주를 떠돌다가 약 46억 년 전에 형성된 태양계로 들어와 결국 여러분의 손에 도달했습니다. 우주가 물리법칙에 어긋나지 않는 한 모든 가능성을 실현시킬 수 있음을 알려주는 사례로, 우주의 신비와 그 속에서 벌어지는 중요한 발견의 가치를 다시금 일깨워줍니다.

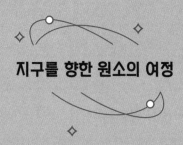

지구를 향한 원소의 여정

Q.

별에서 생성된 원소가 어떻게 지구에 도달했을까요? 일반적으로는 지구 내부에서 원소가 생성되었다고 생각하는데, 이에 대해 설명해주세요.

많은 사람이 직관적으로 원소가 지구 내부에서 생성되어 표면으로 올라온 것이라고 생각합니다. 그러나 실제로 지구와 같은 작은 천체에서는 중원소(라듐이나 우라늄처럼 원자량이 큰 원소)를 생성할 수 없습니다. 중원소를 합성하기 위해서는 현재의 지구 내부보다 훨씬 높은 온도와 압력이 필요한데, 이는 태양보다 훨씬 무거운 별의 중심에서만 가능합니다. 이처럼 중력은 무거운 원소의 생성에도 직접적으로 관여하고 있죠.

태양 같은 별들은 생애 마지막 단계에서 적색 거성으로 변하게 됩니다. 이때 별에서 대량의 가스가 우주 공간으로 방출되고, 이 가스가 별의 중심부에서 합성된 원소를 우주 공간으로 전달하는 역할을 했죠. 원소들은 우주를 떠돌다가 지구를 포함한 태양계의 형성 과정에서 지구의 일부분으로 자리 잡았습니다.

이처럼 태양 같은 별들은 일생 동안 내부에서 합성된 원소들을 우주 공간으로 방출합니다. 태양보다 무거운 별도 마찬가지입니다. 이 별들이

죽어가며 방출하는 원소들은 우주에서 다음 세대의 천체를 형성하는 재료가 되어 새로운 천체로 태어납니다.

이러한 우주의 원소 순환 과정은 약 138억 년에 걸쳐 서서히 진행되었습니다. 워낙 규모가 크고 시간이 길다 보니 우리가 실감하기 어렵죠. 그러나 지구와 우리 몸을 구성하는 중원소도 어딘가 있는 별의 중심에서 만들어졌다는 사실은 확실합니다. 중원소를 만들어낸 별들은 이제는 수명을 다해 소멸했겠지만요.

별들은 탄생과 죽음을 반복하며 원소를 방출합니다. 이 원소들이 우주 공간을 떠돌아다니며 지구에 도달하여 인간을 탄생시켰습니다. 이 과정은 지구뿐만 아니라 우주 곳곳에서 계속 일어나고 있습니다.

이러한 우주의 역사는 그림 5.16에 잘 나타나 있습니다. 미국의 천문학자 칼 세이건1934~1996은 '우리는 모두 별의 아이들이다'라는 아름다운 말로 표현했죠. 우리가 밤하늘의 별을 보면서 감탄하는 이유는 우리 유전자 깊숙한 곳에 새겨진 138억 년에 걸친 과거의 기억 때문일지도 모르겠습니다.

7장

법칙, 수학 그리고 우주

법칙이 우주를 지배한다는 증거

이 세계는 다양한 물질로 이루어져 있으며, 그 움직임의 이유와 현상을 설명하는 학문이 과학입니다. 물리학은 세계를 이루는 물질을 매우 세세하게 나누어 '기본 입자'라는 물질의 기본 구성 요소를 발견했습니다. 또한 이 세계는 강력, 전자기력, 약력, 중력이라는 네 가지 기본 힘에 의해 지배되며, 놀랍게도 이 모든 것은 수학적 법칙에 따라 작동합니다.

이러한 현상은 미시 세계(10^{-10}~10^{-33}센티미터 규모)에만 국한되지 않습니다. 우주 같은 거대한 천체, 시간과 공간 그 자체까지도 같은 법칙에 따라 움직이는 것으로 보이기 때문이죠. 이 책에서 소개한 몇 가지 사례를 살펴보겠습니다.

◇ 뉴턴의 법칙에 근거해 예측된 해왕성 발견(3장)
◇ 뉴턴의 법칙으로 설명하지 못한 수성의 근일점 이동을 일반상대성이론으로 설명(3장)

◈ 중력에 의해 빛이 휘어지는 현상을 예측한 일반상대성이론
(4장)

◈ 일반상대성이론이 예측한 우주 팽창 현상 확인(4장)

◈ 빅뱅 이론이 예측한 우주 마이크로파 배경복사 발견(5장)

◈ 여섯 가지 변수를 이용한 표준 우주 모델과 일치하는 우주 마
이크로파 배경복사 데이터 수집(5장)

◈ 일반상대성이론의 수학적 해인 블랙홀이 실재한다는 사실을
확인(6장)

◈ 일반상대성이론이 예측한 중력파를 관측하는 데 성공(6장)

이런 거시적 현상들은 10^{10}에서 10^{28}센티미터까지의 규모에 해당
합니다. 10^{28}센티미터는 현재 우리가 관측할 수 있는 우주 끝까지의
길이에 해당합니다. 처음에 언급한 10^{-33}센티미터는 플랑크 길이에 해
당하며, 일반상대성이론 등 현재 알려진 물리법칙으로 기술할 수 없
는 미시적 규모의 한계라고 여기죠.

미시 세계의 끝에서 거시 세계의 끝까지 10^{60}센티미터에 걸친 광
범위한 범위를 아우르는 이 세계가 모두 법칙에 따라 움직인다는 사
실은 아직도 깊은 감탄을 불러일으킵니다(그림 7.1).

수학, 법칙을 기술하는 언어

우리는 이 세계의 법칙을 수학이라는 도구를 이용해 표현하는 데 성공했습니다. 물리학을 전공하는 학생과 연구자들은 기초 방정식으로 유도된 수학적 답이 현실 세계와 맞아떨어진다고 확신합니다. 실제로 많은 교수가 이러한 가정을 학생들에게 암묵적으로 전달하고, 학생들은 의심 없이 받아들이고 있죠.

그렇지만 자연과학은 본질적으로 경험과 실증에 기반한 학문입니다. 예를 들어 일반상대성이론의 타당성은 태양계 규모, 즉 1억킬로미터 범위 내 천체 현상을 정확하게 설명할 수 있기 때문에 인정받았습니다. 하지만 일반상대성이론을 138억 광년이라는 거대한 규모 안에서 일어나는 현상에 적용해도 옳다는 보장은 없습니다. 그럼에도 일반상대성이론은 이 거대한 규모에서 우주가 팽창하는 현상과 중력파의 존재를 예측했으며, 이러한 예측은 정확히 검증되었습니다.

물리학자들은 역사적 경험을 통해 수학적으로 기술된 법칙이 놀라운 수준의 보편성을 지닌다는 사실을 확인했습니다. 이제는 그러

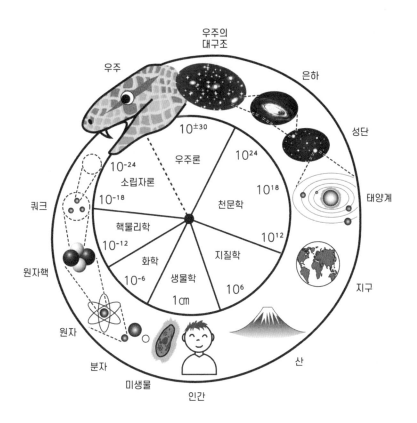

이 그림은 원래 1979년 노벨 물리학상을 받은, 미국의 이론물리학자 셸던 글래쇼가 자신의 저서 《인터랙션Interactions》(Warner Books, 1988)에서 사용했습니다. 우주를 둘러싼 뱀은 고대 신화 속 영원을 상징하는 우로보로스입니다. 그림은 기본 입자부터 우주까지, 약 60자릿수만큼이나 다른 규모를 가진 미시 세계와 거시 세계가 서로 밀접하게 연관되어 있다는 것을 보여줍니다.

그림 7.1 거시 세계와 미시 세계를 연결하는 우로보로스

한 법칙을 의심하지 않는 것처럼 보이기도 합니다. 이러한 보편성은 물리학의 발전을 지탱하는 핵심 요소입니다. 물리법칙이 수학적으로 기술되면서부터 높은 정확도로 이론적 예측과 실험적 검증이 가능해졌고, 오류가 있는 모델은 쉽게 버릴 수 있게 되었습니다. 물리법칙을 수학이 아닌 모호한 문장이나 주장 형태로만 표현해야 했다면 정량적 검증이 불가능한 것은 물론이고, 자연계의 움직임을 정확히 이해하기도 어려웠을 것입니다. 수학적으로 기술된 법칙이 가진 보편성은 물리법칙이 발명되는 것이 아니라 발견되는 것임을 알려줍니다. 과학이 자연의 근본적인 진리를 탐구하고 있음을 의미하기도 하죠.

만약 먼 미래에 지구 밖의 고도로 발달한 지적 생명체와 교신할 수 있게 된다면, 그들 역시 우리와 같은 물리법칙을 발견했을 가능성이 높습니다. 이런 상황이 오면 우리는 그들에게 어떤 물리법칙을 발견했는지 물어보고 싶을 겁니다. 우리가 알고 있는 물리법칙보다 더 발전된 수준의 법칙을 발견하고 이해했을 수도 있으니까요. 또한 물리법칙과 수학의 높은 보편성을 직접 검증하는 기회가 될 수도 있겠죠.

지금까지 서술한 내용은 제 우주론 연구 경험을 바탕으로 한 관점입니다. 물론 과거의 유명한 물리학자들도 이와 같은 사실을 눈치채지 못했을 리는 없겠죠. 예를 들어 다음과 같습니다.

◇ 우주의 원리는 수학이라는 언어로 기술되어 있다(갈릴레오 갈릴레이).

◇ 자연과학에서 수학의 뛰어난 효용성은 합리적으로 설명하기 어렵다(유진 위그너).

◇ 수학이 물리적 실재와 이토록 잘 맞아떨어지는 것은 무엇을 의미하는가(알베르트 아인슈타인).

이렇듯 뛰어난 지성을 가진 과학자들조차도 왜 자연계를 지배하는 물리법칙을 수학으로 엄밀하게 기술할 수 있는지, 또한 왜 우리가 그것을 이해할 수 있는지 분명하게는 알지 못했습니다. 이 세계가 법칙의 지배를 받는 것은 사실입니다. 그러나 수학이 어떻게 그 법칙을 기술할 수 있고, 우리가 어떻게 이해할 수 있는지 그 이유를 설명하는 일은 훨씬 어렵습니다.

우주 그 자체가 법칙이다

법칙과 수학이 서술하는 세계는 본질적으로 추상적인 개념에 불과합니다. 피타고라스의 정리가 오직 이론적인 공간에서만 존재하는 것처럼 말이죠. 이러한 수학적 구조가 우리가 살고 있는 현실 세계, 즉 우주와 어떻게 대응하는지에 대한 명확한 이론은 없습니다. 우주가 특정한 수학적 규칙을 따를 필요도 없습니다.

모든 곳에 피타고라스의 정리가 적용되는 유클리드 기하학의 세계가 실재한다고 가정한다면, 그러한 우주는 무한한 부피를 가져야만 합니다(유한한 우주에서 우주의 끝에 위치한다면 그 끝에서는 직각삼각형을 제대로 그리기 어려울 겁니다). 이 같은 예는 특정한 장소에 적용되는 법칙이 주어질 때 해당 우주의 특성이 결정된다는 말입니다. 이는 우리가 이해한 법칙이 어떤 의미에서는 우주 그 자체일 수 있다는 가능성을 보여주죠.

59쪽에서 제기한 '법칙은 어디에 있는가'라는 질문은 철학적 깊이를 지니며, 이에 대한 명확한 답변은 존재하지 않을 수도 있습니다.

그러나 이러한 추상적 질문을 우주의 실체에 적용하려고 할 때면, 우주 자체가 바로 그 법칙이라는 가설이 떠오릅니다. 우리가 살고 있는 세계에는 강력, 전자기력, 약력, 중력이라는 네 가지 기본 힘이 존재합니다. 네 가지 힘이 존재하는 이유는 아직 밝혀지지 않았습니다. 이 중 하나가 존재하지 않거나 새로운 힘이 존재하는 다른 이론을 상상해볼 수도 있겠죠. 물론 우리가 알고 있는 우주와 어긋나지만요.

강력이 존재하지 않는다는 가정은 원자핵의 존재를 부정하는 것이며, 전자기력이 존재하지 않는다면 기본 입자가 전하를 띠지 않으므로 빛도 존재하지 않게 됩니다. 이러한 가설이 비현실적으로 들릴 수 있지만 확실히 부정하기도 어렵습니다. 우리 우주와 다른 형태의 우주에 적용될 수도 있으니까요.

네 가지 힘이 존재하지 않는 우주에는 안정적인 원자나 태양이 없으니 애초에 생명체가 탄생할 수조차 없을 겁니다. 그렇다면 그런 우주를 검증할 생명체가 존재하지 않으니, 이러한 생각이 황당하고 무의미하다는 주장은 당연합니다.

모두가 사라진 다음의 우주는 존재하는가

우리가 사는 우주의 존재를 인식하는 것 자체가 매우 특별한 우연이 아닐까요? 지구 외에 지적 생명체가 없다고 가정해보죠. 지구상에 호모사피엔스가 출현한 건 고작 수천만 년 전입니다. 138억 년에 달하는 우주의 역사에 비하면 한순간이죠. 게다가 우리 문명이 우주가 어떻게 생겨났는지 고민할 수 있는 수준에 도달한 지는 채 1만 년이 되지 않았습니다. 이전에도 우주는 분명히 존재했지만 인식할 수 있는 존재는 없었죠.

가까운 미래에 지구 문명이 멸망한다면 우주의 실재를 증명할 관측자도 사라질 것입니다. 개인적으로 지구 문명이 향후 1만 년 이상 지속되기 어렵다는 비관적 견해를 가지고 있습니다. 그렇지 않다 하더라도 약 50억 년 후 태양은 적색 거성으로 진화해 지구를 삼킬 것이기에 지구의 멸망은 피할 수 없습니다. 결국 낙관적이든 아니든 그 시점 이후에는 우주의 실재를 증명할 관측자는 존재하지 않게 됩니다.

우주가 실제 존재하는지와 그 안에 지적 생명체가 존재하는지는 서로 관련이 없을 수 있습니다. 하지만 지적 생명체가 없는 우주, 즉 '외로운 우주' 또는 '외로운 세계'라고 불리는 상태에서는 우주가 실제 존재하는지 아니면 단지 추상적인 개념에 불과한지 구별하기 어렵습니다. 이런 이유로 우주의 실재와 추상적 세계 사이의 경계는 모호해집니다. 가장 간단한 해결책은 모든 추상적인 수학 구조에 실제로 존재하는 우주가 대응한다고 받아들이는 것입니다.

이런 가정은 지구가 우주에서 유일하게 지적 생명체가 존재하는 곳이라고 할 때에만 해당합니다. 우주가 이처럼 광대하다면 지구 밖 그 어디에도 지적 생명체가 존재할 것이고, 그렇다면 우주의 실재를 증명할 관측자는 지구 이외에도 많이 있겠죠. 이러한 관점에서 보면 앞서 제시한 가정은 잘못되었을 수도 있습니다.

현재까지 지구 밖에 지적 생명체가 존재한다는 과학적 증거는 없습니다. 따라서 지금은 지구 밖에 지적 생명체가 실재한다는 믿음과 추상적 수학 구조에 기반한 외로운 우주가 실재한다는 믿음은 증명할 수 없는 가설로 남습니다.

수학적 체계가 반드시 실재하는 우주와 연관된다는 생각 역시 과학적 가설이라고 볼 수 없으며, 그것이 옳다고 주장하는 것도 아닙니다. 하지만 이 가정을 받아들이면 우주가 수학적 법칙을 따른다는 사실을 이해할 수 있겠지요. 사실상 실제 우주와 수학적 법칙은 같은 것을 다르게 표현한 것뿐이니까요.

이 책에서는 우주가 믿기 어려울 정도로 수학적 법칙을 따른다는 것을 여러 사례를 통해 소개했습니다. 그러나 다시 말하지만 우주가 엄밀하게 수학적 법칙을 따른다고 증명할 수는 없으며, 그 이유를 설명하는 것도 불가능합니다. 하지만 여러분이 우주와 법칙 그리고 수학 사이의 놀라운 연결을 이해하고, 이들의 신비로움을 즐기면서 함께 생각해보는 계기가 되었다면 기쁘겠습니다.

마치며

이 책을 끝까지 읽어주신 여러분께 깊은 고마움을 전합니다. 이제 '우주가 법칙과 수학의 지배를 받는다'는 제 견해에 동의하셨는지 궁금합니다.

이 관점은 다양한 의견으로 나뉠 것입니다. '우주의 모든 것을 수학적으로 설명할 수 있다'고 주장하는 진보적 의견을 가진 사람, '우주의 본질적 움직임만 수학으로 정확히 기술할 수 있다'는 중도 의견을 가진 사람, 그리고 '우주의 움직임 중 일부만 수학으로, 그것도 근사적으로만 표현할 수 있다'는 보수적 의견을 가진 사람까지 다양하리라 생각합니다. 일본에서는 비교적 소수의 의견이나 '우주는 신이 만들었으며 모든 것은 신의 섭리에 따른다'는 믿음을 갖는 이들도 있을 겁니다(미국의 경우 절대 무시할 수 없는 비율일 수도 있습니다).

이러한 관점에서 보면 우주는 신이 만든 컴퓨터 시뮬레이션일 수 있습니다. 그리고 우리는 컴퓨터 시뮬레이션 안에 등장하는 캐릭터로서 실행 프로그램(수학)을 찾아내고 있는지도 모르겠습니다. 제가 법칙과 수학을 일관되게 언급한 이유는 사실 법칙과 수학이 신 그 자체일 수도 있지 않을까 생각하기 때문입니다.

저는 신의 존재를 믿지 않습니다만, 과학적으로 증명하거나 반박할 수 없는 주제입니다. 그래서 저는 자연과학 연구가 신을 배제하고 이 세계를 명쾌하게 이해하기 위한 시도라고 주장합니다. 신이냐 수학이냐 하는 해석은 결국 정의의 문제일 뿐 언제나 평행선으로 남아 있을 겁니다. 과학적 탐구는 어쩌면 신의 생각을 추측하는 활동이라고 해석할 수도 있겠죠.

이 책에서는 천문학 연구를 통해 얻은 중요한 두 가지 사실을 다음과 같이 요약할 수 있습니다.

◇ 우주의 움직임을 기술하는 수학이 존재한다.
◇ 그 수학으로 예측한 현상들이 놀라울 정도로 정확하게 실제로 일어난다.

두 가지 사실은 수학적 논리 체계와 실재하는 우주가 동일하다는 가능성을 강하게 시사합니다. 이러한 세계관을 받아들일지의 여부는 각자 선택할 일이며, 그 어떤 선택도 강요하고 싶지 않습니다. 하지만 태양 주위를 공전하는 지구에서부터 우주 가속 팽창과 같이 우주의 모든 것을 설명하는, 이 책에 소개된 많은 천체 현상이 여러분의 세계관을 변화시켰다면 좋겠습니다.

이 책의 내용은 아사히컬처센터에서 과거 몇 년간 했던 강연을 새롭게 정리한 것입니다. 이 기회를 마련해주신 진구지 에이코 씨와 집필을 권유하고 조언을 아끼지 않은 담당 편집자 오사카 아츠코 씨에게 진심으로 감사드립니다.

스토 야스시

참고문헌

* 국내 미출간 도서 중에서 일어가 아닌 원서의 제목은 번역된 일본 도서를 기준으로 임의 번역했습니다.

1장
마리오 리비오 지음, 김정은 옮김, 《신은 수학자인가?Is God a Mathematician?》, 열린과학, 2010, 국내 절판.

2장
존 배로John D. Barrow 지음, 《우주에 법칙이 있을까?The Universe that Discovered Itself》, 국내 미출간.
스토 야스시須藤 靖 지음, 《해석역학·양자론解析力學·量子論》, 국내 미출간.
도다야마 가즈히사戸田山和久 지음, 박철은 옮김, 《과학으로 풀어낸 철학입문哲學入門》, (주)학교도서관저널, 2015, 국내 절판.

3장
토머스 레벤슨Thomas Levenson 지음, 박유진 옮김, 《뉴턴과 화폐위조범-천재 과학자, 세기의 대범죄를 뒤쫓다Newton and the Counterfeiter》, 뿌리와이파리, 2015, 국내 절판.
토머스 레벤슨 지음, 《환상의 행성 벌컨: 아인슈타인은 어떻게 행성을 파괴했는가?The Hunt for Vulcan: ...And How Albert Einstein Destroyed a Planet, Discovered Relativity, and Deciphered the Universe》, 국내 미출간.

4장
매튜 스탠리Mattew Stanley 지음, 《아인슈타인의 전쟁: 상대성이론은 어떻게 국가주의를 극복했는가?Einstein's War: How Relativity Triumphed Amid the Vicious Nationalism of World War I》, 국내 미출간.
미샤 바투샤크Marcia Bartusiak 지음, 《확장하는 우주의 발견: 허블의 그림자로 사라진 천문학자들The Day We Found the Universe》, 국내 미출간.

마리오 리비오 지음, 김정은 옮김, 《찬란한 실수-다윈에서 아인슈타인까지 생명과 우주에 대한 우리의 상식을 뒤바꾼 위대한 과학자들이 저지른 터무니없는 실수들Brilliant Blunders: From Darwin to Einstein-Colossal Mistakes by Great Scientists That Changed Our Understanding of Life and the Universe》, 열린과학, 2014년.

5장
고마쓰 에이치로小松英一郎, 가와바타 히로토川端裕人 지음, 《우주의 시작, 그리고 끝宇宙の始まり、そして終り》, 국내 미출간.
고마쓰 에이치로 지음, 《우주 마이크로파 배경복사宇宙マイクロ波背景放射》, 국내 미출간.
스토 야스시, 이세다 테츠지伊勢田哲治 지음, 《과학을 이야기한다는 것은 무엇인가科學を語るとはどういうことか》, 국내 미출간.

6장
스토 야스시 지음, 《일반상대성이론 입문一般相對論入門》, 국내 미출간.
스토 야스시 지음, 《또 하나의 일반상대성이론 입문もうひとつの一般相對論入門》, 국내 미출간.
스토 야스시 지음, 《우리 하늘의 저편この空のかなた》, 국내 미출간.
스토 야스시 지음, 《자비는 우주에 도움이 되지 않는다-물리학자가 보는 세계情けは宇宙のためならず-物理學者の見る世界》, 국내 미출간.

7장
맥스 테그마크Max Tegmark 지음, 김낙우 옮김, 《맥스 테그마크의 유니버스-우주의 궁극적 실체를 찾아가는 수학적 여정Our Mathematical Universe: My Quest for the Ultimate Nature of Reality》, 동아시아, 2017년.
스토 야스시 지음, 《부자연스러운 우주-우주는 하나뿐일까?不自然な宇宙-宇宙はひとつだけなのか？》, 국내 미출간.
스토 야스시 지음, 《물체의 크기-자연의 계층과 우주의 계층ものの大きさ-自然の階層・宇宙の階層》, 국내 미출간.

본문 이미지 출처

그림
다니구치 마사타카谷口正孝

사진
그림 3.3, 3.4, 5.5 저자 촬영
그림 5.8 후지와라 히데아키藤原英明, 스바루 망원경
그림 5.9 ESA/Gaia/DPAC;CC BY-SA 3.0 IGO.
　　　 Acknowledgement: A. Moitinho.
그림 5.10 NASA / COBE
그림 5.11 ESA, Planck Collaboration
그림 6.7 Churchill Archives Centre(앤서니 휴이시 교수 유족의 허락을 얻어서 게재)
그림 6.11 EHT Collaboration
그림 6.13 Caltech/MIT/LIGO Lab

케플러와 뉴턴, 아인슈타인 방정식에 담긴 우주를 읽고 푸는 법

최소한의 수식으로 이해하는
우주의 수학

1판 1쇄 발행 | 2024년 4월 9일
1판 2쇄 발행 | 2024년 6월 21일

지은이 | 스토 야스시
옮긴이 | 전종훈
감수자 | 강성주

펴낸이 | 박남주
편집자 | 박지연
디자인 | 남희정
펴낸곳 | 플루토

출판등록 | 2014년 9월 11일 제2014-61호
주소 | 07803 서울특별시 강서구 마곡동 797 에이스타워마곡 1204호
전화 | 070-4234-5134
팩스 | 0303-3441-5134
전자우편 | theplutobooker@gmail.com

ISBN 979-11-88569-59-5 03400